nanda?

やさしく知る 素粒子・ニュートリノ・重力波

ニュートリノってナンダ?

荒舩良孝
Arafune Yoshitaka

誠文堂新光社

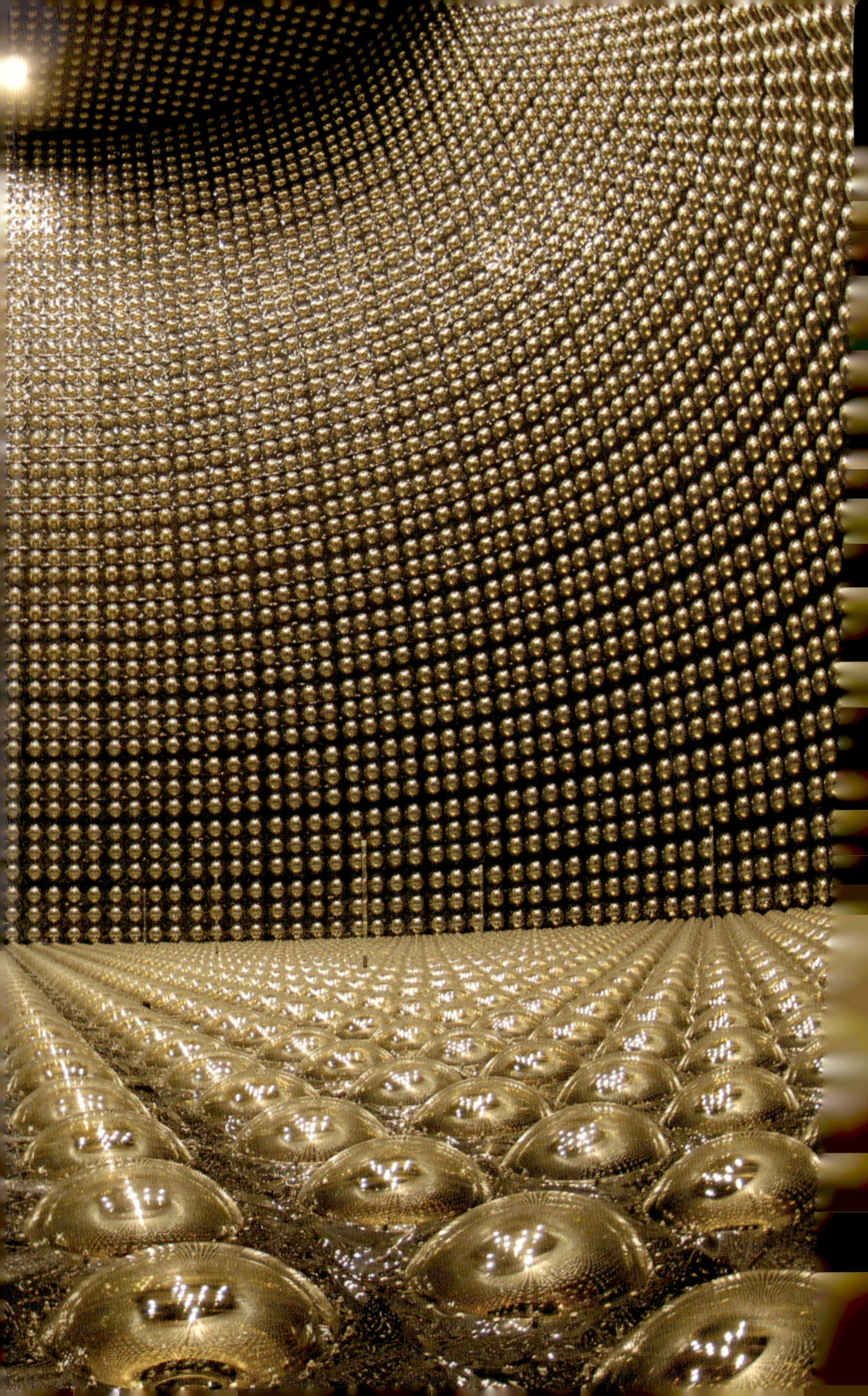

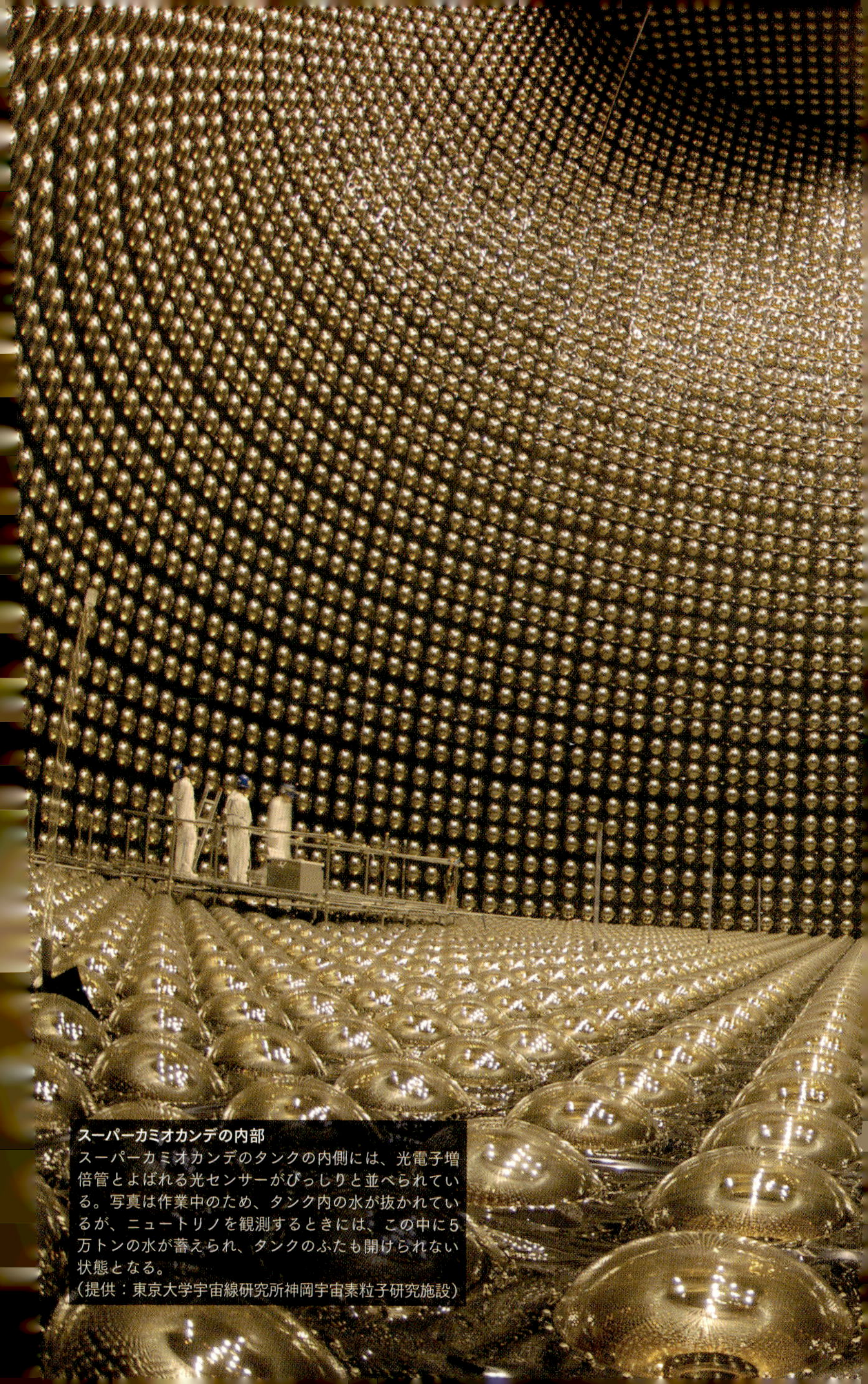

スーパーカミオカンデの内部
スーパーカミオカンデのタンクの内側には、光電子増倍管とよばれる光センサーがびっしりと並べられている。写真は作業中のため、タンク内の水が抜かれているが、ニュートリノを観測するときには、この中に5万トンの水が蓄えられ、タンクのふたも開けられない状態となる。
（提供：東京大学宇宙線研究所神岡宇宙素粒子研究施設）

梶田隆章博士
スーパーカミオカンデの観測で、大気ニュートリノでのニュートリノ振動の発見に貢献し、2015年にノーベル物理学賞を受賞。写真は、2015年10月6日、受賞発表直後に開いた記者会見のときの様子。

戸塚洋二博士
小柴昌俊博士からカミオカンデでの研究を引き継ぎ、スーパーカミオカンデの建設を主導。ニュートリノ振動の発見に大きく貢献した。2008年に癌で亡くなられてしまったが、存命であればノーベル賞を確実に受賞していたことだろう。
（提供：読売新聞社／アフロ）

小柴昌俊博士
カミオカンデの建設を発案し、1987年に超新星からのニュートリノをとらえることに成功した。その功績により、2002年にノーベル物理学賞を受賞した。
（提供：毎日新聞社／アフロ）

建設中の
スーパーカミオカンデの内部
スーパーカミオカンデ建設の一番の難所は光電子増倍管の取りつけだった。1日に200本ずつ取りつけていき、11129本が取り付けられた。
（提供：東京大学宇宙線研究所神岡宇宙素粒子研究施設）

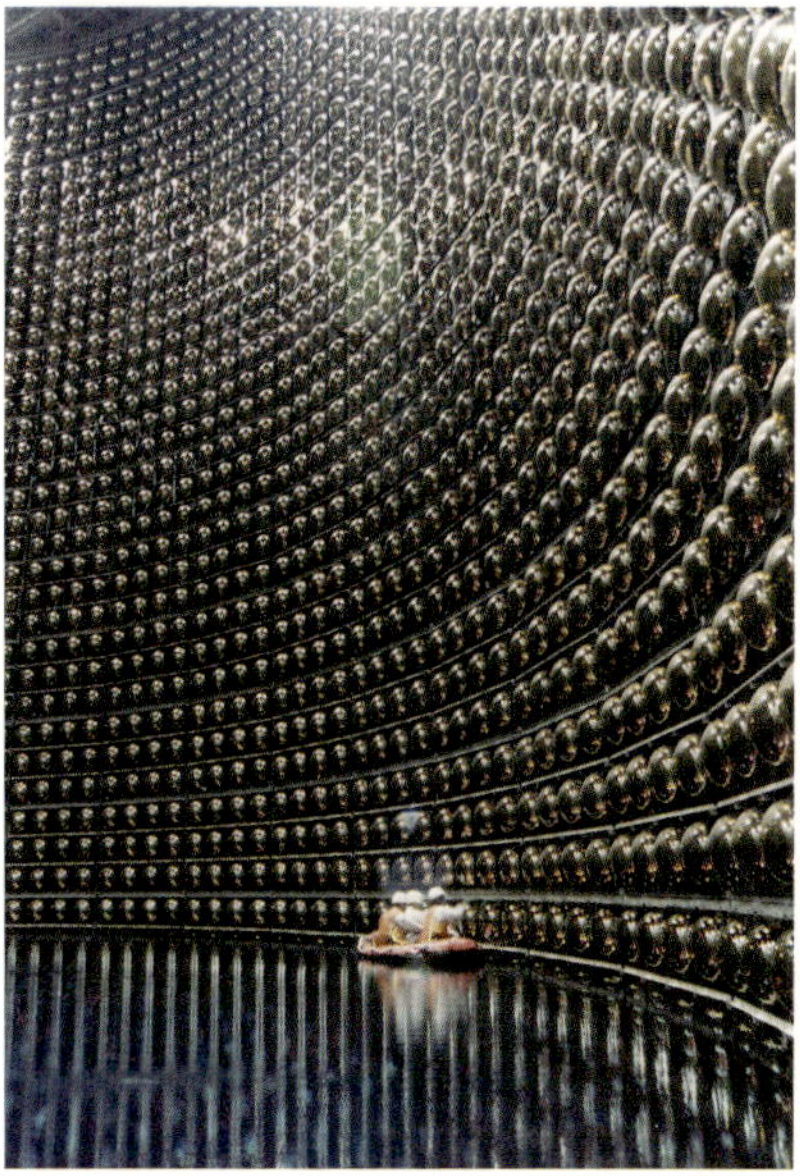

建設終了後の
スーパーカミオカンデ
無事に建設が終わると、ニュートリノの観測に向けてタンクの中に水が入れられる。その際、ゆっくりと水を入れていき、光電子増倍管に不具合がないか1本ずつチェックしていく。
（提供：東京大学宇宙線研究所神岡宇宙素粒子研究施設）

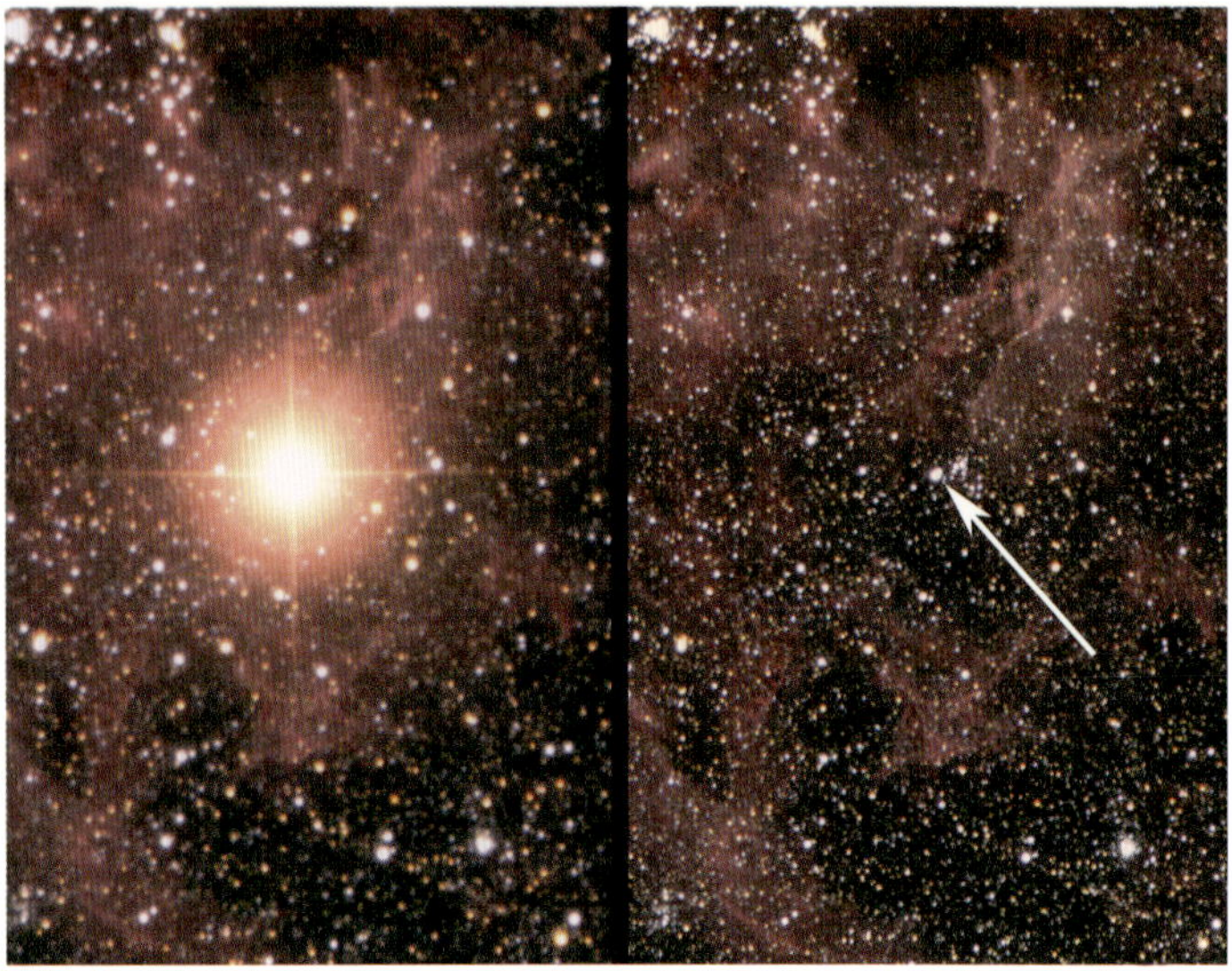

超新星SN1987A
1987年2月23日に大マゼラン銀河の一角で発見された超新星。地球から超新星が観測されたのは1604年以来、383年ぶりのことだった。カミオカンデは、このとき発生したニュートリノをとらえることに成功した。
（提供：Australian Astronomical Observatory/David Malin）

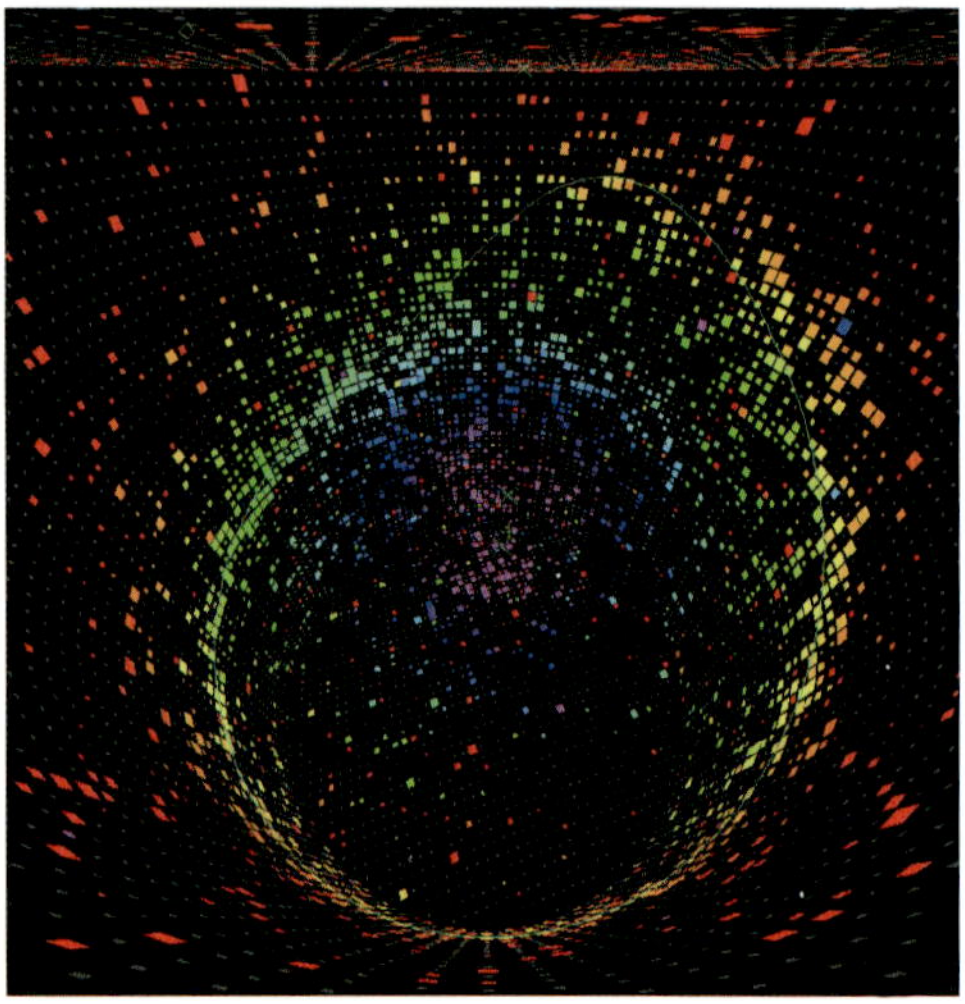

光電子増倍管がとらえたニュートリノの信号
スーパーカミオカンデでは、1本1本の光電子増倍管がとらえた光の強さや形などから、どこから来たどの種類のニュートリノかを判断する。写真は、東海村のJ-PARKでつくられたミューニュートリノが電子ニュートリノに変化した姿を世界で初めてとらえたときのもの。
（提供：T2K実験国際共同研究グループ）

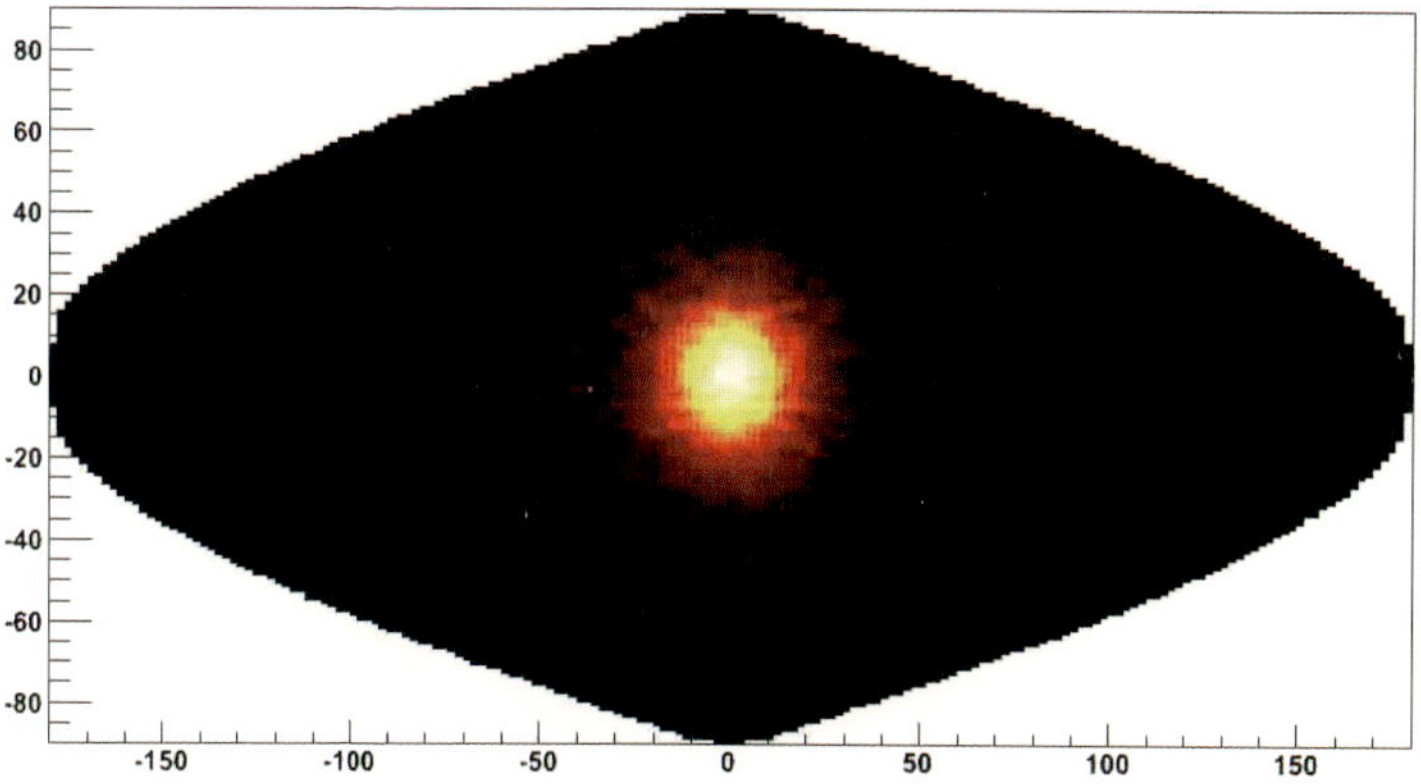

スーパーカミオカンデで観測された太陽

神岡鉱山の地下に設置されているスーパーカミオカンデでは、太陽の光をとらえることはできない。しかし、太陽ニュートリノをとらえることで、太陽内部の様子を知ることができる。

（提供：東京大学宇宙線研究所神岡宇宙素粒子研究施設）

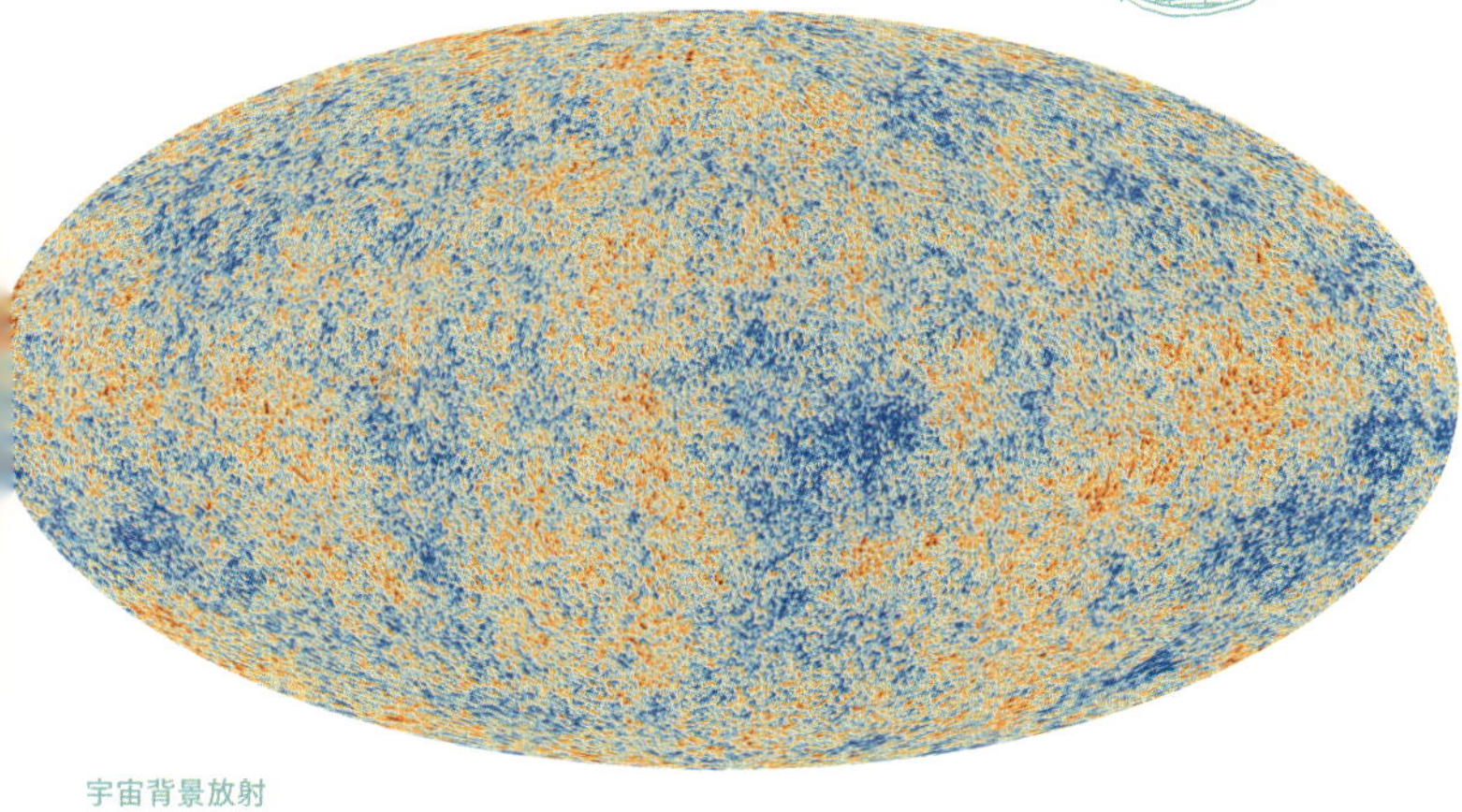

宇宙背景放射

宇宙背景放射とは、宇宙の初期に起こったビッグバンの光を現在に伝えているもので、現在はマイクロ波の形で宇宙に充満している。この宇宙背景放射を精密に測定することで、宇宙の年齢や、構成要素が正確にわかってきた。今後、ニュートリノの研究でも新たな宇宙像を解き明かすことが期待されている。

（提供：ESA and the Planck Collaboration）

重力波望遠鏡KAGRA
神岡鉱山の地下に建設されたKAGRAは、3kmのパイプが直角に交わり、L字型をしている。この2本のパイプの中でレーザー光線を飛ばすことによって、重力波を測定する。
（提供：東京大学宇宙線研究所）

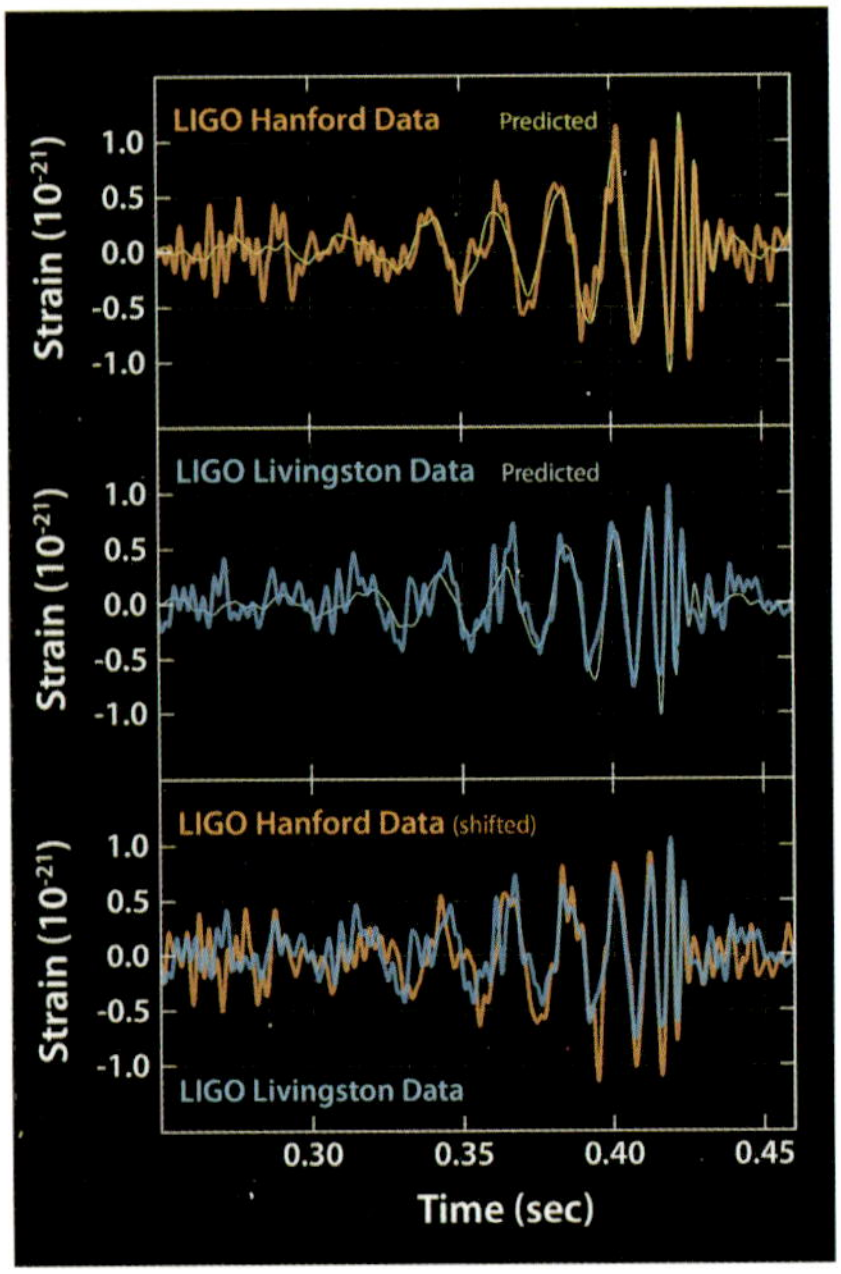

初めて観測された重力波
2015年9月14日に初めて観測された重力波の信号。上がハンフォード観測所で、中央がリビングストン観測所で観測されたもの。これら2つの信号を重ねあわせると（下）、リビングストン観測所で重力波が観測された1000分の7秒後に、ほぼ同じ波形の重力波がハンフォード観測所で観測されたことがわかる。観測された重力波の波形は、理論的に求められたブラックホールの衝突・合体による重力波の波形とほぼ一致していた。（画像：LIGO）

プロローグ

梶《かじ》田《た》博士、ノーベル物理学賞受賞

２０１５年10月6日、ノーベル物理学賞の受賞者に、東京大学宇宙線《うちゅうせん》研究所所長の梶田隆章《かじたたかあき》博士と、カナダ・クィーンズ大学名誉教授のアーサー・マクドナルド博士が選ばれました。受賞理由は「ニュートリノに質量があることを示すニュートリノ振動の発見」に対する功績です。発表後すぐに、東京大学本郷キャンパス内にある山上会館で梶田博士の記者会見が開かれました。

梶田博士は、記者会見の第一声で、「ノーベル賞が決まったという知らせを受けて、非常に光栄なことで、今、頭が真っ白な状態で、今のところ、何を話していいのかわからない状態です」と述べられました。梶田博士は、２０１５年までの数年、毎年のように受賞者の候補として名前が挙げられていたので、いつかは受賞するかもしれないという気持ちはあったと思います。しかし、それが現実のものとなると、喜びと驚きが入り交じり、どこか現実感がないように感じられたのではないでしょうか。

ノーベル物理学賞は、たびたび、ニュートリノの研究に贈られています。まず、

1995年に、世界で初めてニュートリノをとらえることに成功したアメリカのフレデリック・ライネス博士が受賞しました。次に、2002年に、世界で初めて超新星《ちょうしんせい》爆発《ばくはつ》で発生したニュートリノをとらえ、ニュートリノ天文学を切り開いた小柴昌俊《こしばまさとし》博士に贈られました。そして、2015年は梶田博士が受賞したのです。

19世紀の終わり頃に電子《でんし》が発見され、それまで想像上のものでしかなかった原子《げんし》の世界が物理学の対象になりました。もともと、原子という名前は、これ以上分割することのできない、物質のもととなるものという意味でつけられています。しかし、研究が進められるうちに、原子はより小さな粒子《りゅうし》によってつくられていることがわかってきました。そして、現在では、物質のおおもとは原子ではなく、素粒子《そりゅうし》であると考えられています。

素粒子物理学《そりゅうしぶつりがく》は、相対性理論《そうたいせいりろん》や量子力学《りょうしりきがく》をベースに構築されてきました。初期の頃は、原子よりも小さなものの世界を記述する理論だけのように思われていましたが、研究が進むうちにそれだけではないことがわかってきました。

たとえば、夜空にきらめく星々は、なぜ、光り輝くことができるのでしょうか。その理由は、星の内部で水素原子《すいそげんし》が核融合反応《かくゆうごうはんのう》を起こしているからです。核融合反応で大量のエネルギーがつくられることで、星は光り輝くことができます。天体のようにとても大きな物体でも、その内部では小さな粒子の反応が起こっていました。星の進化などをより正確に理解するには、素粒子物理学の知識が必要になってきたのです。

さらに、宇宙膨張説《うちゅうぼうちょうせつ》やビッグバン宇宙論《うちゅうろん》が登場すると、素粒子物理学は宇宙のはじまりとも深く関わっていることがわかってきました。初期の宇宙はとても小さく、とても高いエネルギーをもった素粒子がうずまく世界でした。

とても小さな素粒子のふるまいは、この宇宙の本質と大きくつながっていました。そして、素粒子物理学は、物質だけでなく、宇宙そのものについて語る大きな分野になっていったのです。しかし、1つの問題が解決すると同時に新しい問題も生まれています。それらの問題を解く鍵を握っている素粒子がニュートリノではないかといわれています。ニュートリノはとても不思議な性質をもっていることがわかってきました。その性質を研究することで、この宇宙の謎として残されている問題の答えが見つかるかもしれません。

この数年で物理学は大きな変革期を迎えています。その象徴的な出来事が2015年9月14日の重力波《じゅうりょくは》初観測です。これまで重力波の直接観測は物理学者の大きな夢でしたが、実際に観測されてから重力波の科学は急速に進んでいます。

本書では、梶田博士が現在取り組む重力波の観測についても紹介します。ニュートリノとともに、宇宙を解き明かす新たな方法として注目される重力波観測。その最新の研究成果についても、ぜひ触れていただければと思います。

もくじ

本書は2015年に刊行した『ニュートリノってナンダ?』に、最新の知見を大幅に加筆し、新たに構成した増補改訂新版です。

第1章

ニュートリノってなに?

古代ギリシャから考えられていた原子《げんし》

私たちの身のまわりにはたくさんの物質が存在しています。もちろん、私たちの体も物質です。つまり、私たちは物質に囲まれて生活をしているわけです。このような環境で生活する中で、「物質は、いったい何でできているのか」という疑問が湧いてくるようになりました。

古代ギリシャの哲学者デモクリトスは、物質を細かく分けていくとこれ以上分割することのできない粒があると考え、その粒をアトモス（原子《げんし》）と名づけました。デモクリトスは、すべての物質は原子からできていると考えたのです。

しかし、デモクリトスの考えた原子は概念上のもので、実際に、物質が原子からできていることは長い間、誰も確認することができませんでした。原子の存在が科学的に認められるようになってきたのは、19世紀の初め頃です。

ただ、この時代は、原子が存在することを直接証明できたわけではなく、仮説として原子があるらしいということが科学として議論できるようになってきたところでした。このような中で、1897年にイギリスの物理学者ジョセフ・ジョン・トムソンが電子《でんし》を発見したのです。トムソンはこの功績によって、1906年にノーベル物理学賞を受賞しました。

電子は、原子よりも小さな粒子で、素粒子《そりゅうし》の1つです。原子の存在がまだはっきりしていなかった時代に、それよりも小さな粒子である電子が発見されたということは、当時の人にとってみれば、とても衝撃的なことだったと思います。

ブラウン運動《うんどう》の謎

実は、人類が原子の存在を確認するきっかけをつくったのは、あのアルバート・アインシュタインです。物質が原子でできているのではないかということは、19世紀の初めにイギリスの科学者ジョン・ドルトンが唱えた原子仮説《げんしかせつ》によってある程度理解されていましたが、決定的な証拠が発見されずに、仮説《かせつ》のままでした。

アインシュタインは、1905年に特殊相対性理論《とくしゅそうたいせいりろん》の論文を発表して、世界中の注目を集めました。しかも、この年には、光電効果《こうでんこうか》についての論文と、ブラウン運動《うんどう》についての論文も書いています。どの論文も、その後の科学の発展にとって、とても重要なものだったので、この年を「奇跡の年」と呼ぶ人もいます。

これらの論文のうち、ブラウン運動についての理論が、原子の存在を証明することにつながったのです。ブラウン運動というのは、水や気体《きたい》の中で小さな粒子が不規則に動く運動のことです。私たちは、空気中を漂っているチリや、温かいみそ汁に溶けているみそなどに、ブラウン運動を見ることができます。

ブラウン運動は、1827年にイギリスの植物学者ロバート・ブラウンによって発見されました。ブラウンは、水に浮かべた花粉を観察しているとき、花粉から出てくる小さな粒が、水の中でブルブルと不規則に動き続けることに気がついたのです。当初、「生命現象によって動くのではないか」とブラウンは思っていたようですが、化石の粉や鉱物の粉といった無生物でも、この現象が見られることから、その原因はわからずじまいでした。

原子の存在を証明したペランの実験

それから、80年ほどの月日が流れ、ブラウン運動の原因をアインシュタインが突き止めめたのです。アインシュタインは論文の中で、ブラウン運動が起こるのは、水がとても小さな粒でできているからであると結論づけました。

たとえば、コップの中に入っている水は、私たちの目から見れば常に止まっているように見えます。でも、アインシュタインは、水が小さな粒からできていると考えたのです。そうすれば、1つ1つの粒が絶えず動き、まわりの水の粒と押し合うことができます。アインシュタインは、その押し合っている運動によって、花粉から出てくる小さな粒は不規則に動くのだと説明しました。

アインシュタインは、論文の中で、このようなアイデアを発表するだけでなく、花粉から出た小さな粒の動きを観察して、水の粒の大きさや数を予測する数式も示しました。その数式を見て、フランスの物理学者ジャン・ペランはさっそく実験をして、水の粒の大きさと数を計算しました。その結果、水の粒の大きさは1億分の1センチほどで、大さじ1杯ちょっとにあたる18グラムの水の中には、1兆個の6000億倍という数え切れないほどたくさんの水の粒が存在することを明らかにしたのです。

アインシュタインが考え、ペランが実験によってその存在を証明したのは、今でいう、水の分子《ぶんし》です。水の分子が実際にあることが確認されることによって、ドルトンの原子仮説が正しいことが証明されたのです。ペランはこの功績によって1926年にノーベル物理学賞を受賞しました。

明らかになった原子の姿

古代ギリシャの頃にデモクリトスが考えた原子は、「それ以上分割することのできない粒」でした。それから人類は2000年以上の時間をかけて、原子が存在することを確認できるようになりました。しかし、その原子はデモクリトスが考えたものとはちょっと違っていたのです。

少し時間を巻き戻してみましょう。ペランの実験で原子の存在が確認される前に、トムソンが電子を発見しています。科学者たちは、原子の中に電子が入っていると考えて、原子がどのような構造になっているのかを探っていきました。原子は、その存在が確認された段階で、すでに「もっと分割することのできる粒」だったのです。

原子がどのような姿をしているのかについては、2つのモデルが考えられていました。1つは、原子の中に電子が散らばっているブドウパン型《がた》モデルです（もともとは「プラムプディングモデル」という名称ですが、当時の日本ではなじみが薄かったので、ブドウパン型モデルとして紹介されたそうです）。そして、もう1つが日本の物理学者の長岡半太郎《ながおかはんたろう》が提唱した太陽系型《たいようけいがた》モデルでした（**図1**）。

この2つのモデルの対立に決着をつけたのは、イギリスの物理学者アーネスト・ラザフォードでした。彼は1911年に、金箔《きんぱく》に向けて放射線《ほうしゃせん》の一種であるアルファ線《せん》をあてる実験をしました。当時、アルファ線はプラスの電気をもっていて、放射性物《ほうしゃせいぶつ》質《しつ》から秒速1万キロメートルという速さで飛び出すことが知られていました。金箔は金の原子が並べられている状態なので、原子がブドウパン型モデルだったら、アルファ線がほぼすべて貫通するか、少し進路が曲げられるくらいではないかと考えられていました。

図1 さまざまな原子構造モデル

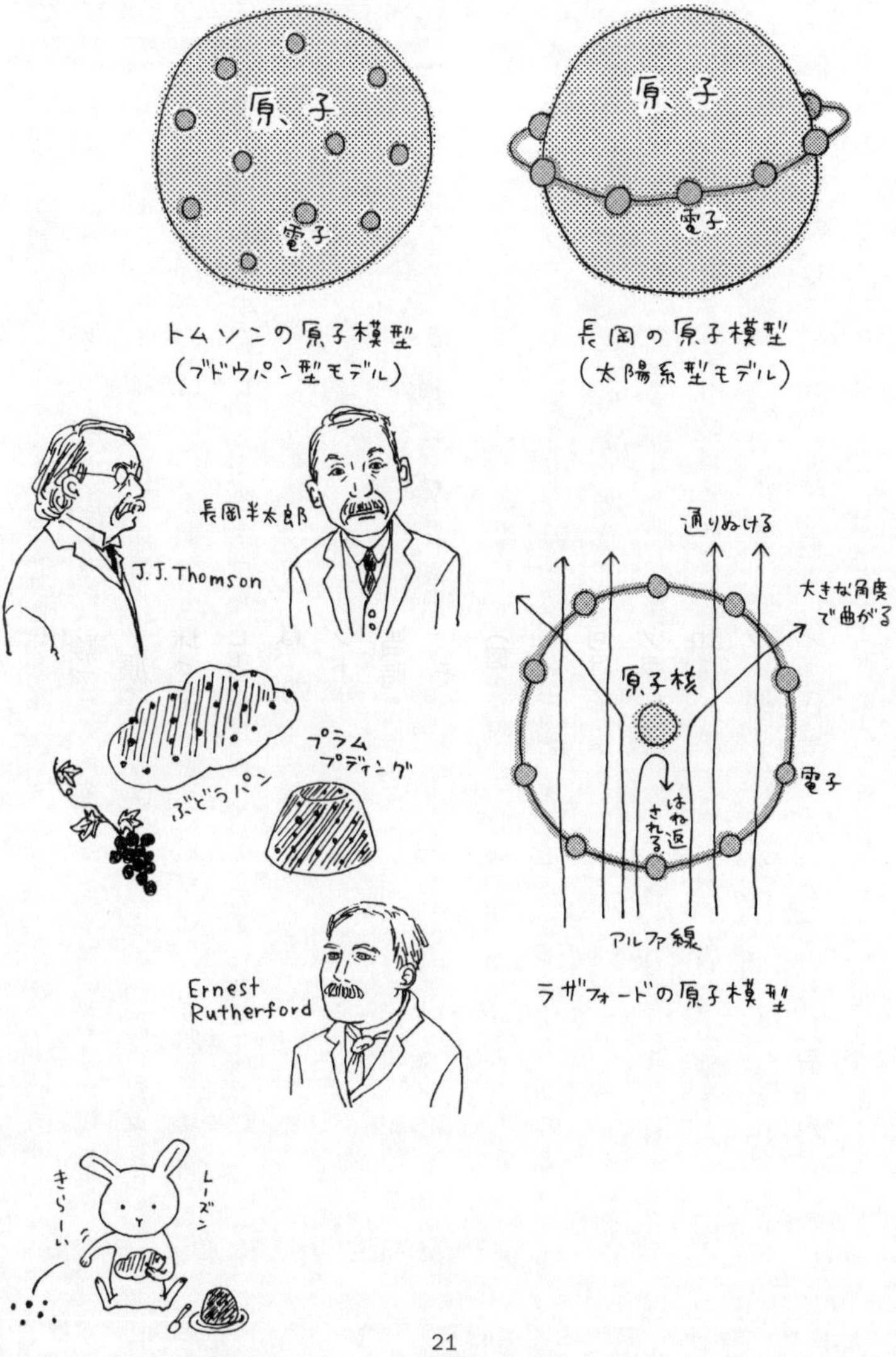

しかし、実際に実験をやってみると、予想に反して、アルファ線の中のいくつかの粒子は、まるで重いものにあたったかのように、大きく角度を変えて跳ね返されてしまったのです。この実験によって、原子の真ん中にはプラスの電気をもつ小さな塊があることがわかりました。このプラスの電気をもつ塊は原子核《げんしかく》と名づけられ、その後の検証で、電子は原子核のまわりを回る太陽系モデルが正しいと考えられるようになっていきました。

実はスカスカだった原子の内部

ラザフォードの実験をきっかけに、人類にも原子の内部の構造がわかってきました。原子の真ん中には、プラスの電気をもつ原子核があって、そのまわりをマイナスの電気をもつ電子が回っているというものです。

原子の中で一番軽いものは水素原子です。電子は水素原子《すいそげんし》の２０００分の1の重さしかありませんので、原子の重さのほとんどは原子核が担っていることになります。ただし、原子核の大きさを調べてみると、驚くことに原子の10万分の1ほどしかありませんでした。原子を東京ドームにたとえると、原子核は、マウンドあたりに置かれたビー玉くらいの大きさになります。そして、ドームの客席の後ろの方に電子が回っていることになりますが、電子は原子核よりももっと小さなものです。つまり、原子の内部はとてもスカスカな状態であることがわかってきました。

私たち人間の視点からすれば、原子をスカスカに感じることはありません。それは、電磁気力《でんじきりょく》によって原子の中で原子核と電子がある程度距離を保つことができるので、原子に大きさがあるように感じることができるからです。もし、電磁気力がなかったり、感じることができなかったら、私たちの感じる世界は、もっとスカスカしていたものだったのかもしれません。

原子核はとても小さなものなので、これ以上、分割することができないと思われていたのですが、原子核の中にはさらに小さな構造がありました。まず、1919年にラザフォードがプラスの電気をもった粒子の陽子《ようし》を発見しました。この陽子は水素の原子核と同じものであることも確認され、原子核をつくる要素であることがわかってきました。

原子核はプラスの電気でできているので、原子核が陽子でできるということ自体は、今までの考え方と矛盾するものではありませんでした。でも、プラスの電気をもつ粒子である陽子がとても小さな原子核の中で、どうして反発せずにくっついていられるのかという謎が残りました。

さらに、1932年にはラザフォードの弟子であるジェームス・チャドウィックが

図2　物質の構造

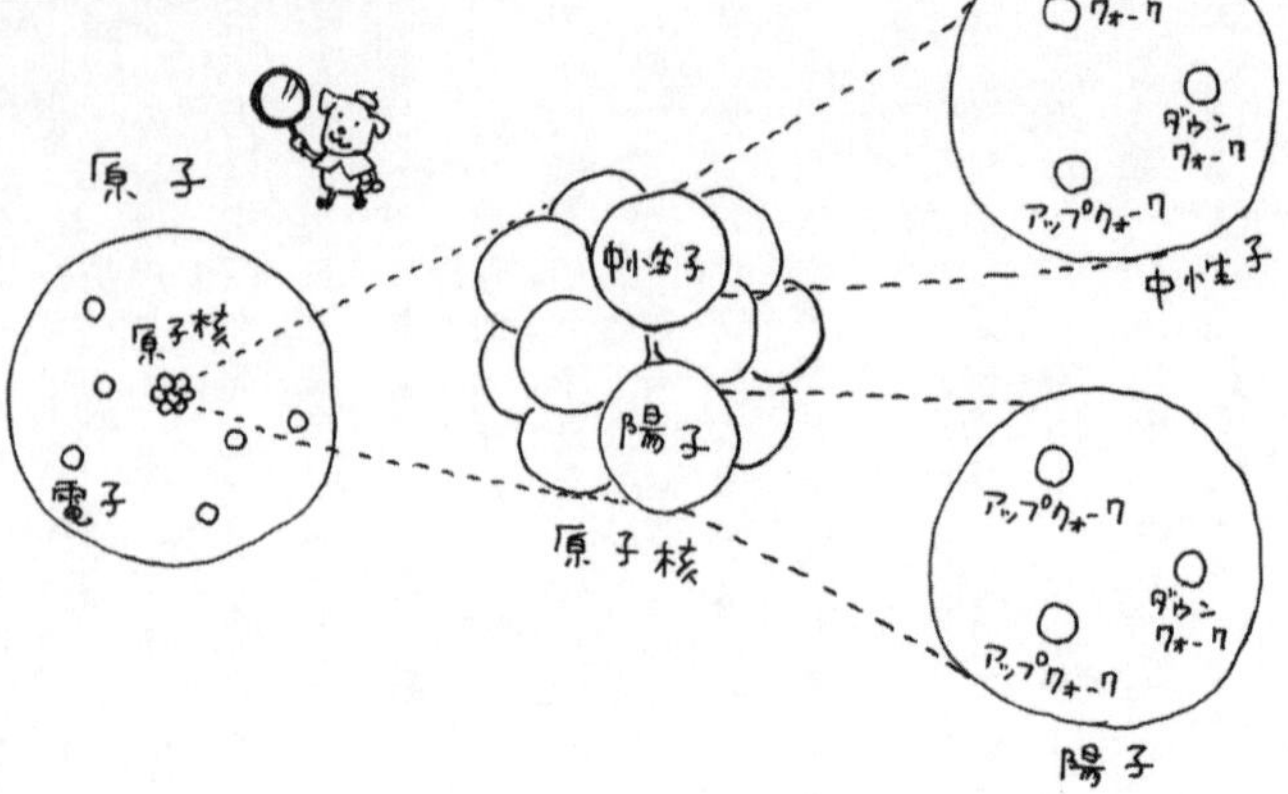

原子核の中から中性子《ちゅうせいし》を発見しました。中性子はその名のとおり、電気的に中性、つまり電気をもっていない粒子です。ラザフォードとチャドウィックによって、原子核は陽子と中性子からできていることがわかってきました（図2）。

　1960年代になると、陽子と中性子はさらに小さな粒子でつくられているのではないかと考えられるようになりました。そして、1963年にアメリカの物理学者マレー・ゲルマンとジョージ・ツワイクがそれぞれ独自に同じようなモデルを提唱したのです。そのモデルは、現在、クォークモデルと呼ばれています。クォークモデルでは、陽子も中性子も3つのクォークからできていると考えられています。ただし、陽子はアップクォーク2個とダウンクォーク1個によって構成されていて、中性子はアップクォークが1個で、ダウンクォークが2個になっています。

いくつもあった素粒子《そりゅうし》

ここまでの流れをおさらいしてみましょう。私たちの身のまわりにある普通の物質はすべて原子からできています。原子をよく見てみると、原子の中心部分に原子核があり、電子はそのまわりを回っているという構造をしていました。

でも、原子核と電子はとても小さなもので、ミクロの視点で見ると、原子はとてもスカスカなものだったのです。中心部分にある原子核は、陽子と中性子からできていて、陽子と中性子はアップクォークとダウンクォークからできていました。

この話の中だけでも、原子、陽子、中性子といくつもの粒子が登場しましたが、その中でアップクォーク、ダウンクォーク、電子はこれ以上分割することができない粒子です。そのような粒子を素粒子《そりゅうし》と呼んでいます。つまり、すべての物質は素粒子からできていたのです。研究を進めていくと、さらにいくつもの素粒子があることがわかってきました。

クォークはアップとダウンの他に4種類あることがわかりましたし、電子とよく似たミューオン、タウオンという粒子も発見されました。そして、ニュートリノも3種類発見されました。これら12種類の素粒子は物質を構成する素粒子の仲間として分類されて、まとめてフェルミオンと呼ばれています。

これら12種類を整理していくと、プラス2／3の電気をもっているアップクォークの仲間、マイナス1／3の電気をもっているダウンクォークの仲間、マイナス1の電気をもっている電子の仲間、電気をもっていないニュートリノの仲間と、4つのグループに分けることができます（図3）。

それぞれのグループの素粒子は、電気の量だけでなく性質もよく似ています。でも、グループ内の素粒子でも大きく違う部分が1つだけあります。それが質量です。それぞれの粒子は質量がバラバラで、軽い方から順番に第1世代、第2世代、第3世代と分類されています。

宇宙で作用する4つの力《ちから》

さらに、素粒子の働きは物質をつくるだけではないことがわかってきました。何と、この宇宙で作用している力を伝達する役目も素粒子が担っていたのです。この宇宙で作用する力と聞くと、たくさんあるように思う人もいるでしょう。現に、摩擦力《まさつりょく》、遠《えん》心力《しんりょく》、弾性力《だんせいりょく》、クーロン力《りょく》など、たくさんの力を思い浮かべることができます。しか

図3 物質を構成する素粒子（フェルミオン）のなかま

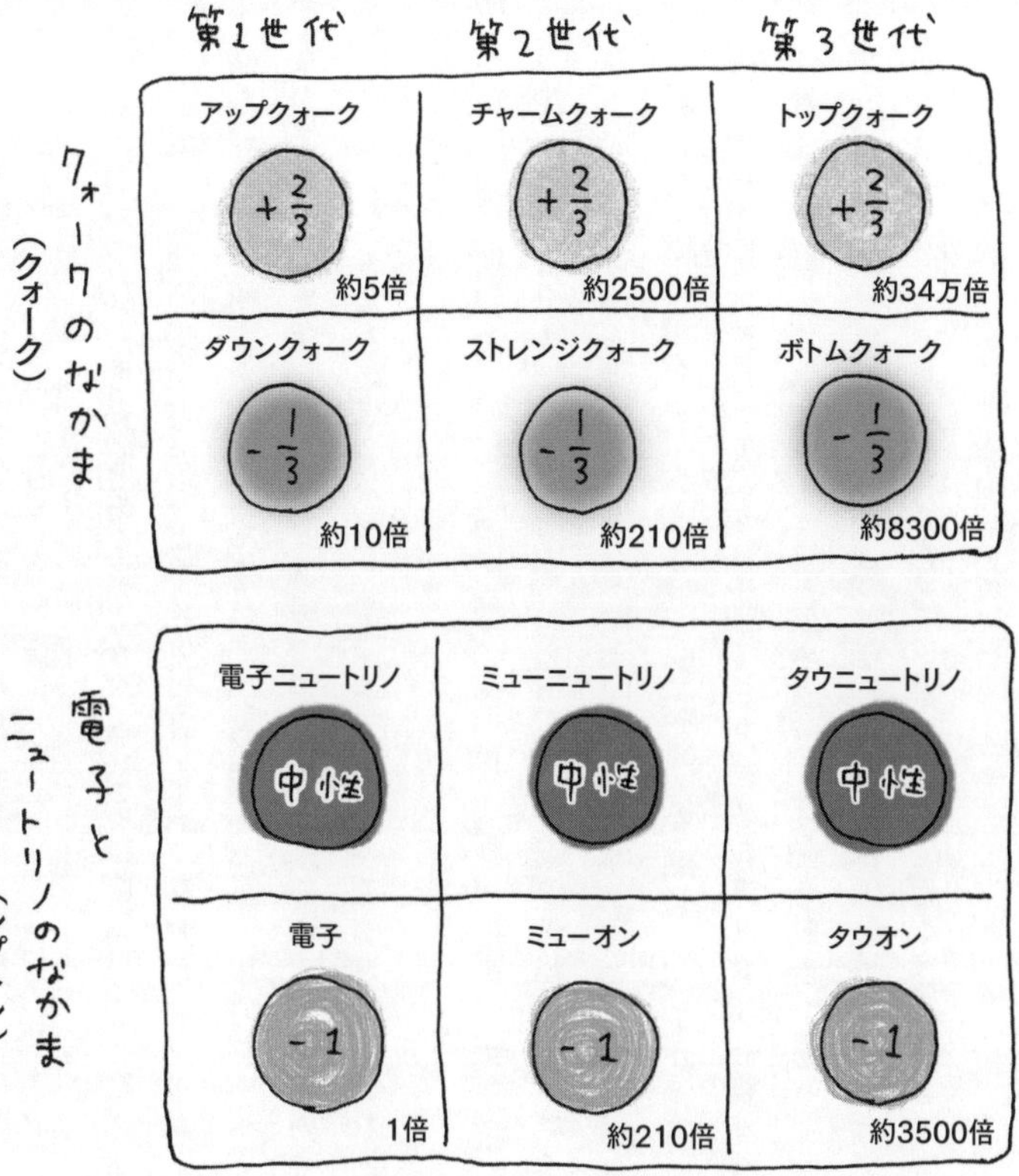

し、これらの力を整理してみると、この宇宙で作用している力は、4種類しかないのです。それが、電磁気力、強《つよ》い力《ちから》、弱《よわ》い力《ちから》、重力《じゅうりょく》です。

この4つの力の中で、私たちが感じることができるのは電磁気力と重力です。電磁気力は電気と磁気の力なので、機械などで発生させるような力というイメージも強いかもしれません。でも、私たちがふだん感じている力は、重力以外はすべて電磁気力によるものなのです。つまり、バットで野球のボールを打ち返すときの力や鉛筆の芯が折れるときの力といったものはすべて、電磁気力によって引き起こされるものといえます。

それはいったいなぜなのか、少し説明していきましょう。物質を細かくしていくと原子にいきつきます。原子はプラスの電気をもった原子核のまわりを、マイナスの電気をもった電子が回っている構造になっています。この原子核と電子を結びつけているのは電磁気力です。物質がぶつかるときは、電磁気力を感じてぶつかっています。また、人間は毎日食べ物を食べることで、活動するためのエネルギーを得ますが、このエネルギーは最終的に電気エネルギーに変換されて、筋肉を動かします。さらに、考えごとなどで脳を活動させるときには、神経細胞《しんけいさいぼう》の中を電気信号《でんきしんごう》が伝わっていきます。

このように、私たちは知らず知らずのうちに、電磁気力をたくさん使って生きているのです。

そして、人間が感じることのできるもう1つの力である重力はどのようなものでしょうか。重力というのは、質量をもつ2つのものがお互いに引っぱり合う力のことをいいます。そのことから万有引力《ばんゆういんりょく》とも呼ばれています。私たちが地球の上で生活をしていられるのも、地球と私たちの間に重力が働いているからです。このような話をすると、地球が私たちを一方的に引っぱっているとイメージする人もいると思います。

でも、それは違っています。重力はお互いに引っぱり合っているので、地球が私たちを引っぱると同時に、私たちも地球を引っぱっているのです。ただし、私たちの質量と、地球の質量を比べると、圧倒的に地球の質量の方が大きいので、私たちの体が地球に引っぱられていると感じるだけです。

重力は遠く離れていても作用するので、地球と月の間や、太陽と地球の間などでも働いています。惑星《わくせい》をはじめ、たくさんの天体が太陽のまわりを回っているのも、重力が働いているおかげです。

では、強い力と弱い力というのは、どのような力なのでしょうか（図4）。ただ単に強い力、弱い力というのは、少し曖昧な名前で、特定の力のことを指しているようには思えません。多くの人にとっては何のことだか、よくわからないでしょう。強い力も弱い力も、れっきとした物理学の専門用語なのですが、肝心な部分が省略されています。

強い力も弱い力も、原子核の内部で作用する力のことで、強《つよ》い核力《かくりょく》、弱《よわ》い核力《かくりょく》とも

図4 強い力と弱い力

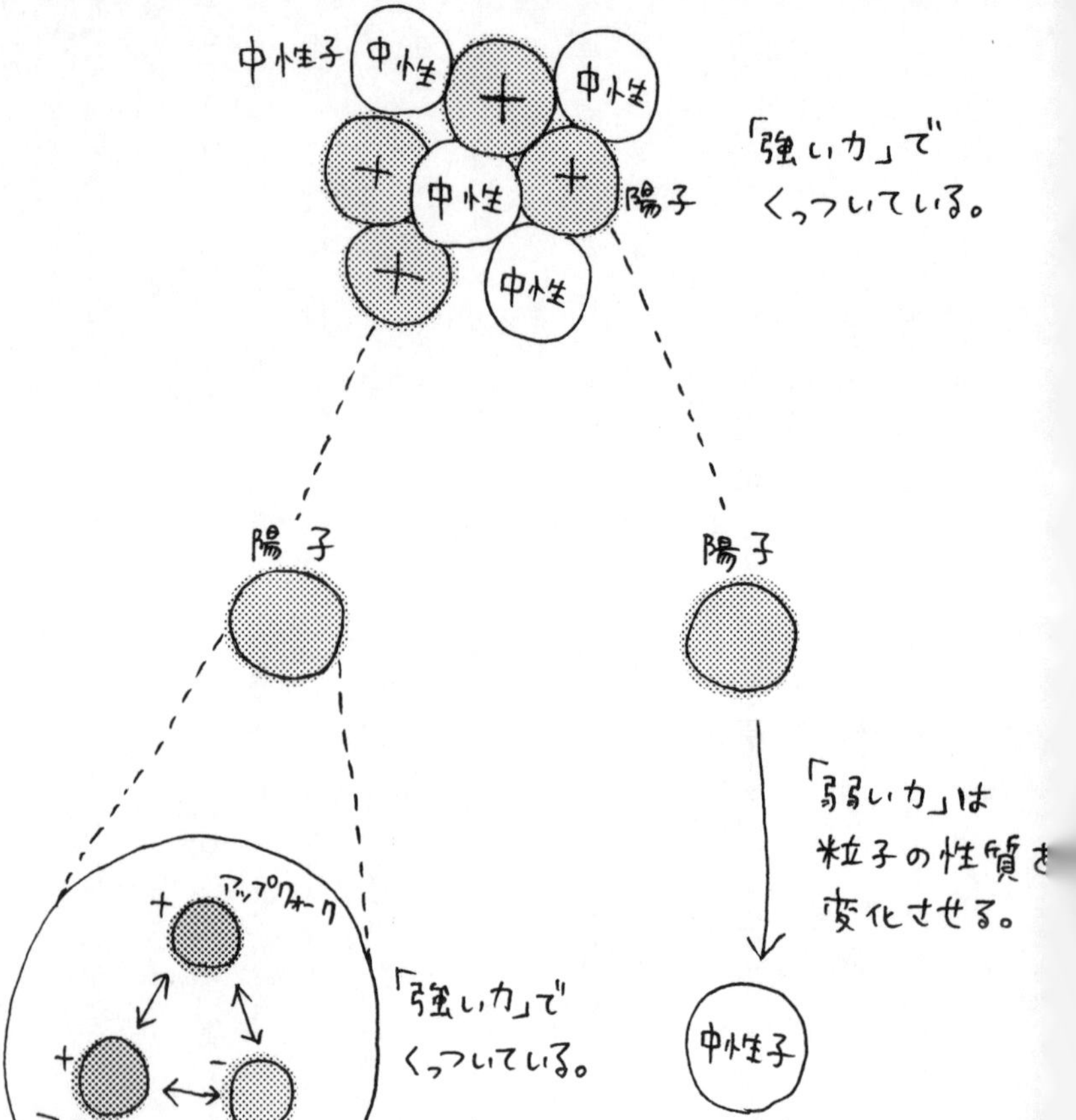
中性子
中性
中性
中性
中性
陽子
「強い力」で
くっついている。
陽子
陽子
「弱い力」は
粒子の性質
変化させる。
中性子
アップクォーク
アップクォーク
ダウンクォーク
「強い力」で
くっついている。

いわれます。そして、強い、弱いというのは電磁気力を基準にしています。つまり、強い力は、電磁気力よりも強い力のことで、弱い力は、電磁気力よりも弱い力という意味なのです。

強い力はクォークを結びつけて陽子や中性子などをつくるときに働きます。電気はプラス同士、マイナス同士と、同じ符号《ふごう》をもったものが狭い空間の中に存在すると反発します。陽子はアップクォーク2個、ダウンクォーク1個でできていて、中性子はアップクォーク1個、ダウンクォーク2個が組み合わされています。陽子の場合はプラスの電気をもったアップクォークが、中性子の場合はマイナスの電気をもったダウンクォークが2個入っているので、陽子や中性子をつくろうとするときに、強い反発力を生むはずです。しかし、クォークが離れずに陽子や中性子を形づくることができるのは、強い力がクォークを陽子や中性子の中に閉じこめるように作用しているおかげです。

さらに、強い力は複数の陽子と中性子を結びつけて原子核をつくる場面でも重要な働きをしています。まず、強い力がなかったら、プラスの電気をもった陽子と電気をもっていない中性子を結びつけることができません。そして、原子核の内部ではとても狭い範囲に陽子を詰めこんでいるので、陽子がバラバラに飛び散ってもおかしくありません。でも、そのようなことが起こらないのは、強い力が働いて、陽子をしっかりと原子核の中にとどめるようにしてくれるからです。強い力がなかったら、原子核がつくられることもなかったので、私たちも存在することができなかったでしょう。

そして、弱い力は粒子の性質を変化させるのに関わっている力です。粒子の性質を変化させるといっても、あまりピンと来ないと思います。地上にはたくさんの原子が存在しています。ほとんどの原子には、寿命はなく、半永久的に変化せずに存在すると考えられています。

でも、中には寿命があって、時間が経つと壊れてしまう原子もあります。原子は壊れるときに、放射線を放出するので、寿命があって、壊れてしまう原子のことを放射《ほうしゃ》性元素《せいげんそ》や放射性物質と呼びます。原子が壊れると、原子の性質は変化して、別の種類の原子になってしまいます。弱い力はこのような現象と深い関係があるのです。

物理学がつくりあげた標準模型《ひょうじゅんもけい》という理論

現代の物理学では、力が作用するのは、物質粒子の間で素粒子がやりとりされているからだと考えられています。このように力を伝える粒子はボソンと呼ばれています。ボソンの仲間としては、電磁気力を伝える光子《こうし》、強い力を伝えるグルーオン、弱い力を伝えるW粒子とZ粒子が発見されています。W粒子とZ粒子は、まとめてウィーク

図5 標準模型を構成する素粒子

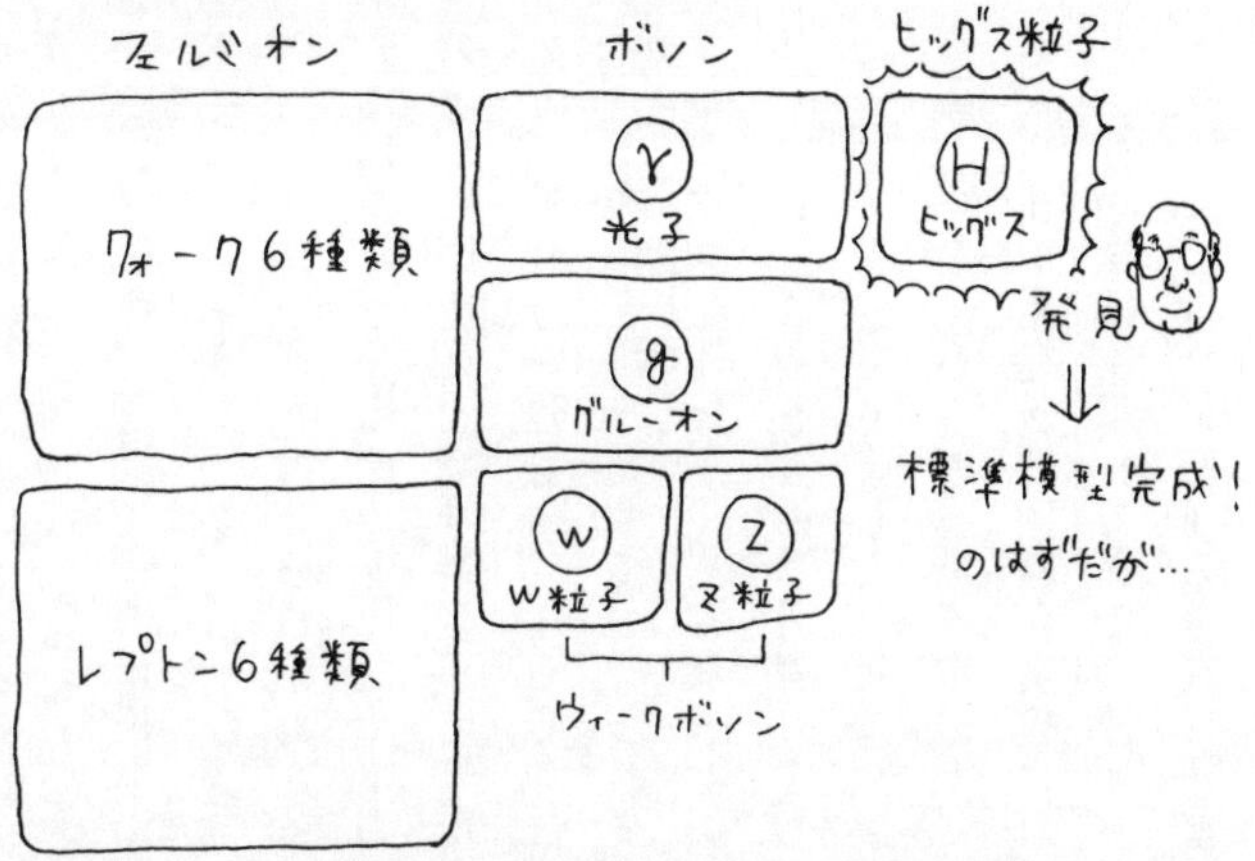

ボソンと表現されるときもあります。この理論に従えば、重力を伝える素粒子（重力《じゅうりょく》子《し》）もあるはずですが、この素粒子はまだ発見されていません。

これまでの話の中で、素粒子には物質をつくるのに関わっているフェルミオン、力を伝えるボソンがあることを話してきましたが、実はそのどちらにも属さない粒子があります。それがヒッグス粒子（図5）です。ヒッグス粒子は、素粒子に重さを与える役割をする素粒子です。物理学者たちは、素粒子の世界で起こっていることを説明するために素粒子の標準《ひょうじゅん》模型《もけい》という理論をつくってきました。これまで紹介してきた素粒子はこの標準模型に登場するものです。標準模型では、すべての素粒子は質量をもたないことになっています。でも、実際は質量をもっていないのは光子とグルーオンだけです。それ以外の素粒子は実際に質量をもっています。

ヒッグス粒子《りゅうし》は、理論では質量をもたないことになっているのに、現実の世界では質量をもっているという素粒子の抱えたギャップを解消するために考えられた素粒子です。ヒッグス粒子が考えられたおかげで、さまざまな素粒子が質量をもっていても、理論的にはおかしくないことになったのです。

このようにいうと、物理学者が自分たちの都合よく考えたような印象を持ってしまいますが、素粒子の理論は、100年に近い時間をかけて、たくさんの物理学者が研究してきた成果を積み重ねてつくられてきたものです。その理論に基づいて考えていくと、ヒッグス粒子はなくてはならないものだったのです。

ヒッグス粒子が存在することは、1964年にイギリスの物理学者ピーター・ヒッグスによって予言されました。ヒッグス粒子が考えられたおかげで、素粒子の標準模型は完成し、たくさんの物理学者の間に広まっていきました。それ以来、30年近くの間、さまざまな素粒子の実験が実施されてきましたが、そのどれもが標準模型の予言するとおりの結果を示してきたのです。

ヒッグスがヒッグス粒子の存在を予言して以来、世界中の物理学者はヒッグス粒子を探してきました。ヒッグス粒子を見つけるには、とても大きなエネルギーが必要だったので、力を合わせてスイスのヨーロッパ原子核研究機構《げんしかくけんきゅうきこう》（CERN）に大型ハドロン衝突型加速器《しょうとつがたかそくき》（LHC）を建設し、そこでヒッグス粒子を探す実験を行いました。そして、2012年7月、ついにヒッグス粒子を発見したという発表がされたのです。

ヒッグス粒子の存在が確認されたことで、素粒子の標準模型に登場するすべての素粒子が発見されたことになり、この発見によって、標準模型に残されていた大きな課題がクリアされました。

しかし、この間、標準模型にほころびがあることも示されました。最初に、標準模型のほころびを示したのが、梶田隆章《かじたたかあき》博士らが進めていたスーパーカミオカンデでのニュートリノ振動の研究でした。ニュートリノはとても不思議な性質をもった素粒子です。では、ニュートリノがどのようなものなのかを詳しく見ていきましょう。

幽霊粒子《ゆうれいりゅうし》、ニュートリノ

ニュートリノは、素粒子の標準模型に登場する素粒子で、物質をつくるフェルミオンの仲間です。単にニュートリノといってしまうことが多いのですが、ニュートリノには、電子ニュートリノ、ミューニュートリノ、タウニュートリノの3種類があります（27ページ図3）。

私たちにとっては、この宇宙の中には、陽子や中性子でできた物質しかないように思えます。でも、私たちは気づいていませんが、この宇宙にはニュートリノがたくさん存在しています。陽子や中性子の場合、この宇宙に均一に並べていくと、1辺が2メートルの立方体の中に1個ずつしか存在しません。ところが、ニュートリノは同じ体積の中に30億個も存在しているのです。ですから、ニュートリノは、この宇宙の中で陽子や中性子以上にありふれたものといえます。

それほどありふれたものなのに、ふだん、私たちはニュートリノの存在をほとんど知りません。それはいったいなぜなのでしょうか。実は、ニュートリノは他の物質とほとんど反応することなく、すり抜けてしまうのです。つまり、私たちには見ることも、触ることもできない素粒子なのです。そのため、ニュートリノは別名、「幽霊粒子《ゆうれいりゅうし》」とも呼ばれています。ニュートリノが、身のまわりにたくさん存在していたとしても、すべてのものをすり抜けてしまうため、私たちはニュートリノの存在に気づくことなく生活しているのです（図6）。

ニュートリノは、地球の大気、太陽の内部、そして、重い星が死を迎えるときに起こす爆発現象である超新星爆発《ちょうしんせいばくはつ》など、宇宙の中のさまざまな場所で発生しています。地球上には、主に太陽の内部でつくられるニュートリノがやってきます。その数は1平方センチあたり、1秒間に660億個にものぼります。私たちの体くらいの大きさに

図6 ニュートリノの性質

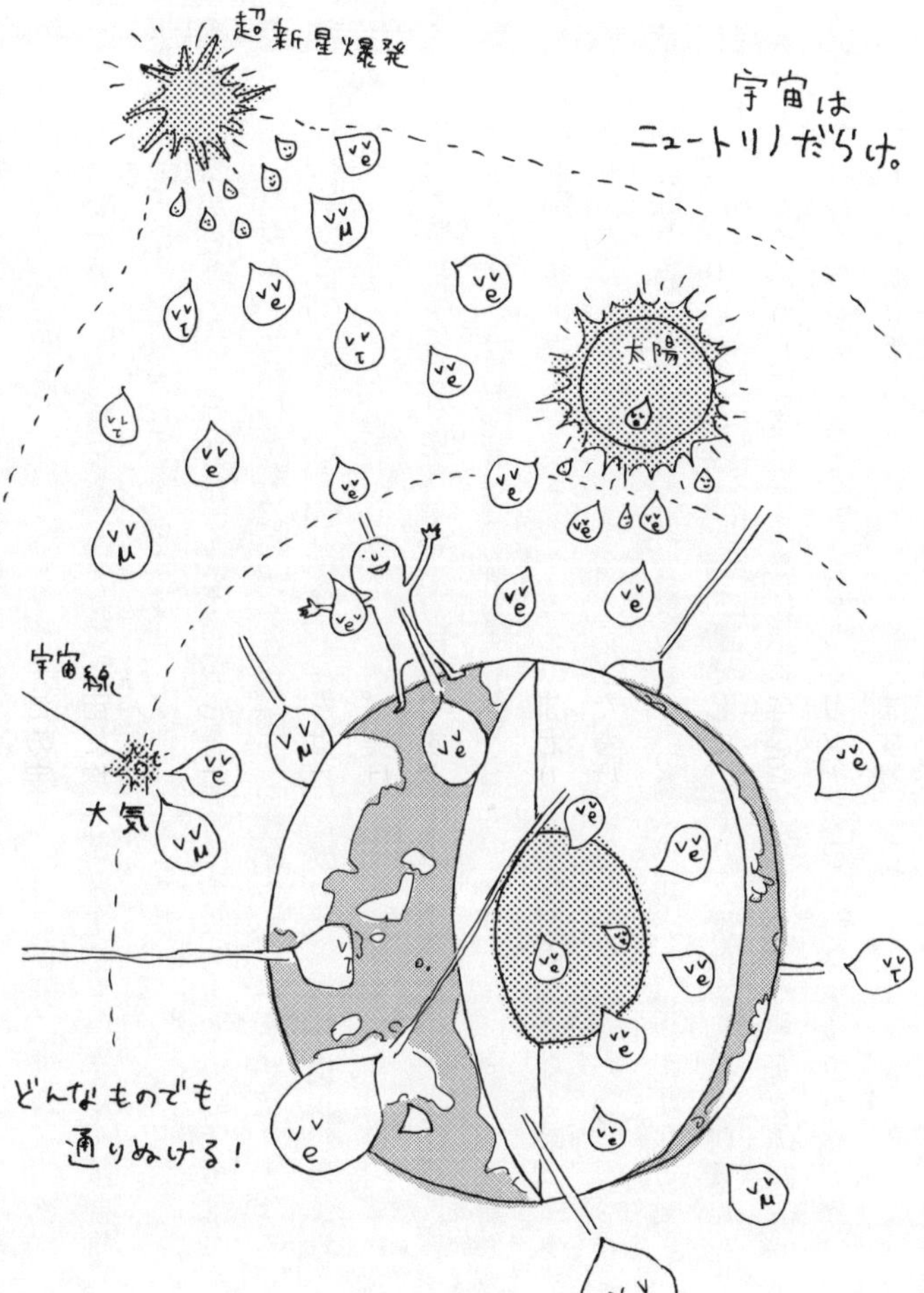

なると、1秒間に約1兆個ものニュートリノが通り過ぎている計算になります。

ニュートリノは弱い力と関係していて、原子核が崩壊《ほうかい》するときに発生することが知られています。そのため、放射性元素からもニュートリノが発生しています。放射性元素は自然界でも一定の量は存在しています。

たとえば、人間が生きていくために必要不可欠な元素の1つにカリウムがあります。カリウムは、ナトリウムと一緒に細胞内の水分を調整する役割をしているのですが、自然界に存在するカリウムのうち、0・012パーセントだけ放射性のカリウムが含まれています。

カリウムはバナナや海藻などの食べ物に含まれていて、普通に生活をしていても、それらの食べ物から一定量の放射性カリウムを摂取することになります。摂取されたカリウムは一定の期間、体内にとどまるので、その間に、原子核が崩壊するとニュートリノが放出されます。

普通の食品から標準的な量のカリウムを摂取している人の場合、体内で1秒間に約3000個のニュートリノがつくられています。ニュートリノは他の物質とほとんど反応しないので、つくられた直後に体の外に飛んでいってしまいます。私たちは、体内で1秒間に3000個ものニュートリノがつくられているという事実にも気づかないまま、過ごしているのです。

苦し紛れだった？　ニュートリノ仮説《かせつ》

ニュートリノは、私たち人間が見ることも、触れることもできない素粒子です。そのようなものがあることにどうやって気づいたのでしょうか。ここからはニュートリノが発見されるまでの道のりを振り返っていきます。

ニュートリノの発見は放射性元素と深い関わりがあります。放射性元素は、原子が崩壊することで、放射線を放出することはすでにお話ししました。もう少し詳しい話をすると、放射性元素で崩壊するのは原子核です。このとき放出される放射線には、アルファ線《せん》、ベータ線《せん》、ガンマ線《せん》の3種類があることが知られています。それぞれの放射線を詳しく調べてみると、その正体がわかってきました。アルファ線の正体は、プラスの電気をもったヘリウムの原子核でした。ベータ線は電子で、ガンマ線はエックス線によく似た電磁波《でんじは》だったのです。

原子核の壊れ方にはいろいろな種類がありますが、その1つに中性子が壊れて陽子に変化する現象があります。この現象が起こると、原子核の内部では、中性子が1つ減って、代わりに陽子が1つ増えるので、別の種類の原子核へと変身します。このとき、同時にベータ線（電子）も放出されることから、この現象はベータ崩壊《ほうかい》と呼ばれていました。そのベータ崩壊を研究しているうちに、普通では説明のつかない現象が起こっていることがわかってきたのです。物理学や化学の世界では、反応の前後で、その反応に関わった物質やエネルギーなどをすべて集めると、総エネルギーは変化しないという「エネルギー保存《ほぞん》の法則《ほうそく》」というものがあります。もちろん、ベータ崩壊でもエネルギー保存の法則は成り立つはずでした。

しかし、ベータ崩壊が起こる前の原子核のエネルギーと、起こった後にできた原子核とベータ線を足したエネルギーを比べると、エネルギーの量が違っていました。ベータ崩壊が起こった後は、起こる前よりもエネルギーが少しだけ減っていたのです。つまり、ベータ崩壊では、物理や化学の基本的な法則であるエネルギー保存の法則が成り立っていなかったのです。

これはとても大きな問題でしたが、誰もその理由を説明することができませんでした。この謎はとても難解だったために、素粒子物理学《そりゅうしぶつりがく》の基礎となった量子力学《りょうしりきがく》を築いた物理学者の1人であるニールス・ボーアでさえも、「原子核の世界では、エネルギー保存の法則が成り立っていないのかもしれない」と発言するほどでした。

そのような状況で、この問題を解決しようとしたのが物理学者のヴォルフガング・パウリでした。彼は、ベータ崩壊の謎を解くために、1930年に1つの仮説を発表しました。それは、ベータ線が放出されるときに、目に見えない粒子がつくられているのではないかというものでした。その粒子がエネルギーを持ち出してしまうと考えれば、エネルギーが減ったように見える現象が説明できます。この粒子が存在するとすれば、電気的に中性《ちゅうせい》になるはずなので、パウリはこの未知の粒子を、中性の粒子という意味の「ニュートローネン」と名づけました（図7）。

現代人の私たちから見れば、パウリの示した仮説はとても画期的なもののように感じますが、当時の人たちからはちょっと違う受け止められ方をされました。この頃の物理学では、未解決の問題を説明するために、誰も見たことのない粒子を持ち出すのはあまり好ましいものではないと思われていたのです。

なぜなら、当時は未知の粒子が存在することを証明する手段もあまりなかったからです。確かに、未知の粒子を登場させれば理論的につじつまの合わない問題も解決することはできるのですが、それを証明することができない以上、自分に都合のいい思いつきだといわれてもしかたがなかったのかもしれません。

当のパウリ自身も、そのことはよくわかっていたので、「苦し紛れの説明だ」「これは絶望的な救済策だ」などと釈明しています。さらに、「この粒子はどんなにがんばって実験しても捕まえられないので、捕まらない方にシャンパンを1ケース賭ける」という発言もしていたそうです。ただし、このパウリの仮説は誰からも相手にされなかったわけではありません。イタリアの物理学者エンリコ・フェルミなど、この仮説を支持する人たちもいました。

図7 パウリのニュートリノ仮説

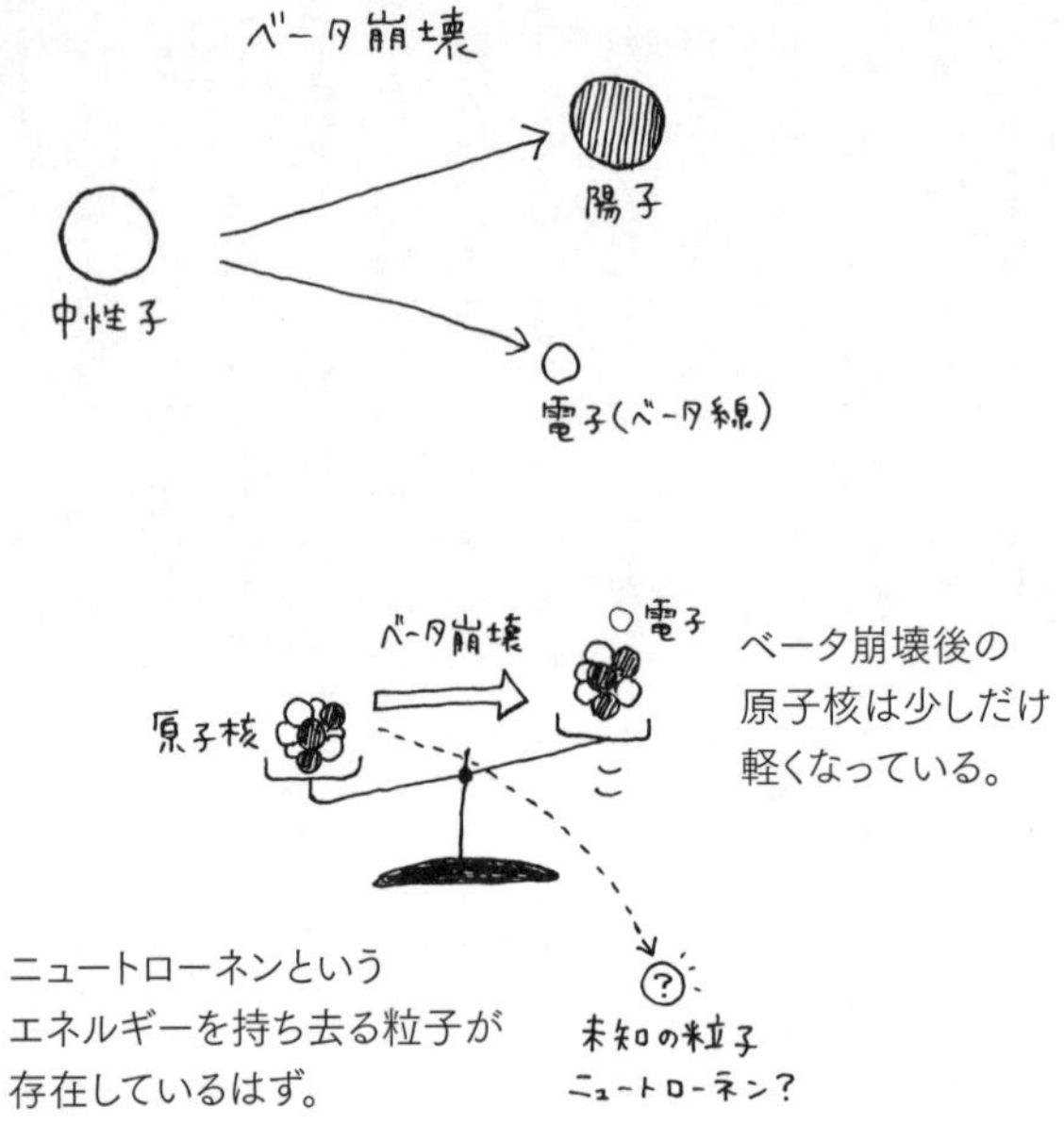

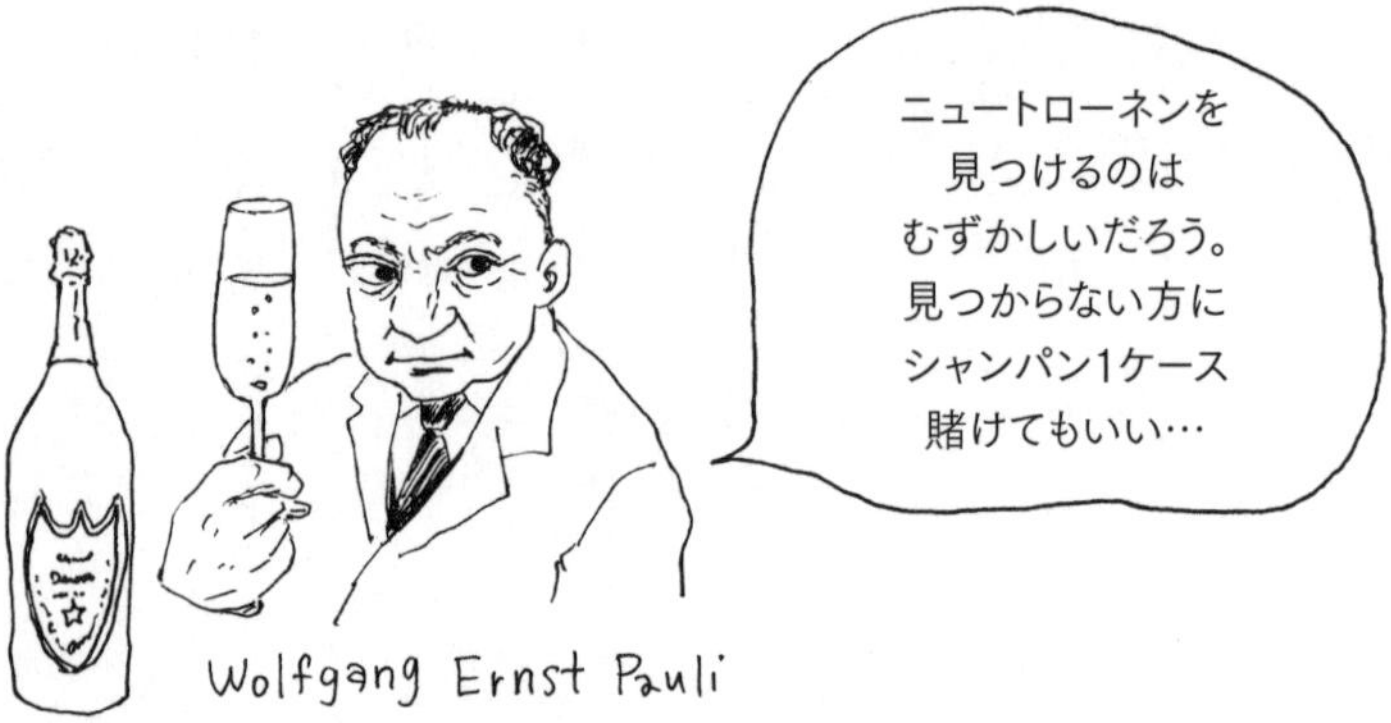

ニュートリノを捕《つか》まえる——賭《か》けたシャンパンの顛末《てんまつ》

パウリが仮説を発表してから2年後の1932年にちょっとした事件が起きました。チャドウィックによる中性子の発見です。チャドウィックの発見した中性子は、パウリの予言したニュートローネンではありませんでしたが、原子核の中に電気的に中性の粒子が存在していたことを示しました。

ただ、チャドウィックの発見は、ちょっと困ったことを引き起こしてしまいました。チャドウィックの発見した中性子は、ニュートローネンとは違うものですが、ニュートローネンという名前はもともと中性粒子という意味の言葉なので、名前がダブってしまったのです。

このことで一番困ったのが先ほど登場したフェルミでした。フェルミはパウリの後を引き継いで、ニュートローネンの研究を進めていたからです。そこで、フェルミは中性子と区別するために、ニュートローネンを「ニュートリノ」という名前に変更しました。パウリが考えた粒子は、中性子よりも小さなものだったので、「中性の」という意味の「ニュート（neaut）」に、「小さい」という意味の「イーノ（ino）」を組み合わせた名前を考えたのです。フェルミの仕事は、ニュートリノという名前を考えただけではありません。パウリの仮説をさらに発展させて、ベータ崩壊を中性子が陽子に変化する現象だと考えたのです。フェルミは、中性子が陽子に変化するときに、ベータ線（電子）と共に、ニュートリノもつくられるという理論を示しました。そうすれば、ベータ崩壊の前後で、エネルギー保存の法則も成立するというわけです。

　このフェルミの理論はとても説得力が高く、たくさんの物理学者にニュートリノの存在を信じさせました。そして、その中で、アメリカのフレデリック・ライネスとクライド・カワンの２人が、ニュートリノの探索に名乗りを上げます。

　ニュートリノはベータ崩壊したときに発生すると考えられていたので、２人は最初、激しい核分裂《かくぶんれつ》を起こす原子爆弾《げんしばくだん》を使ってニュートリノを探す実験を考えました。しかし、実験内容を検討しているうちに、原子爆弾を使うと正確な記録ができないことがわかってきました。そこで、当時、建設中だったアメリカ初の商業用原子力発電所のそばに検出装置を置いて、実験をすることにしたのです。

　２人は、原子力発電所から２メートル離れた場所に検出装置を置いて、１９５３年に実験をスタートさせました。そして、１９５９年まで実験を続け、みごとにニュートリノが存在する証拠をつかみました。

　ニュートリノが存在することが確実になると、２人はパウリに電報を打って、そのことを知らせました。その知らせを受けたパウリは２人にシャンパン１ケース分の代金を小切手で送ったそうです。

第2章

ニュートリノ振動《しんどう》の発見

日本のニュートリノ観測

パウリが予言したニュートリノは、１９５９年にその存在が確認されました。このとき発見されたニュートリノは電子《でんし》ニュートリノにあたるものです。物質に関係する素粒子《そりゅうし》であるフェルミオンでは、それぞれ、２つの素粒子がペアの関係になっていて、電子ニュートリノは電子とペアになっています。そして、１９６２年には加速器《かそくき》（**75・76ページ参照**）を使った実験から、ミューオンとペアになるミューニュートリノが発見されました。

ここまで発見されたニュートリノは人工的につくられたものです。その後の実験で、太陽でつくられた太陽《たいよう》ニュートリノや大気でつくられた大気《たいき》ニュートリノが実際にとらえられるようになり、自然界に存在するニュートリノも観測できるようになりました。

日本でニュートリノの観測が本格的に行われるようになったのは１９８０年代後半のことです。１９８７年に岐阜県の神岡鉱山《かみおかこうざん》につくられたカミオカンデという施設（**図8**）が、超新星爆発《ちょうしんせいばくはつ》によって発生したニュートリノを世界で初めて観測することに成功し、世界から注目を集めました。

実は、カミオカンデはもともとニュートリノの観測だけにつくられた施設ではありませんでした。カミオカンデの建設は１９７９年に小柴昌俊《こしばまさとし》博士の発案ではじまりま

図8 カミオカンデ

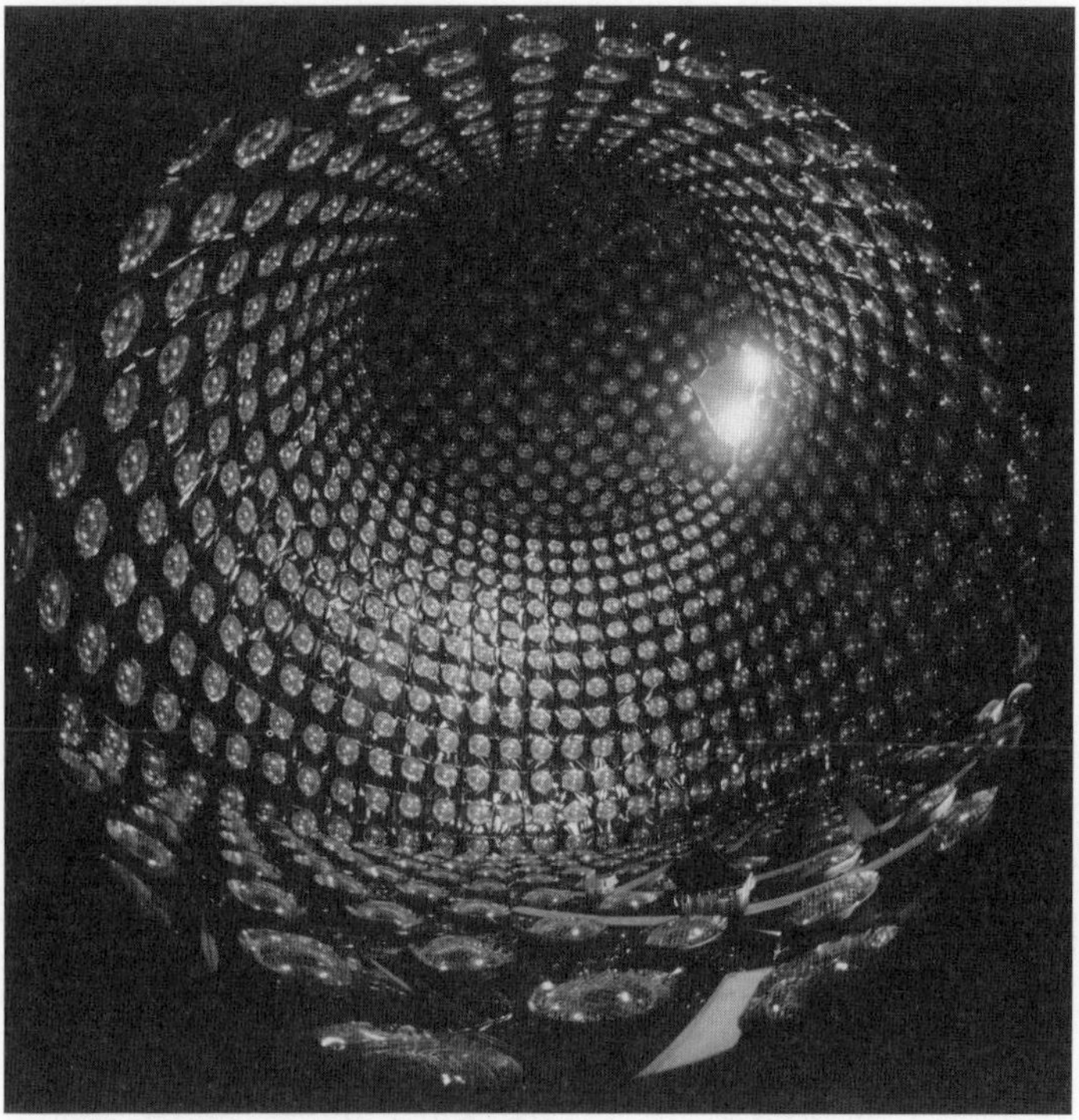

カミオカンデの内部。カミオカンデは3000トンの水を貯められる巨大なタンクで、内壁には、1000本の光電子増倍管が取りつけられている。カミオカンデでとらえたニュートリノの研究により、小柴昌俊博士は2002年にノーベル物理学賞を受賞した。

したが、このカミオカンデの最初の目的は陽子崩壊《ようしほうかい》という現象をとらえることでした。カミオカンデという名前は、英語で「KamiokaNDE」と表記されます。前半の「Kamioka」は、神岡鉱山のある神岡という地名ですが、後半の「NDE」の部分は陽子崩壊実験という意味をもつ「Nuclear Decay Experiment」という言葉の頭文字をくっつけたものです。

陽子崩壊というのは、その名のとおり陽子が壊れて他の粒子《りゅうし》になってしまう現象です（図9）。陽子と中性子《ちゅうせいし》はどちらも3つのクォークによってつくられた、原子核《げんしかく》を構成する粒子です。陽子と中性子の大きな違いは電気の量です。陽子がプラス1の電気をもっているのに対して、中性子は電気をもっていません。さらに、もう1つ違いがあります。それは重さです。中性子の方が陽子よりも0・1パーセントほど重くなっているのです。

0・1パーセントの違いなんて、それほど大きなものではないと思うでしょう。でも、その違いが、陽子と中性子の寿命の長さを大きく変えているのです。中性子は単独で存在すると15分程度で寿命を迎え壊れてしまうのですが、陽子の寿命はとても長いのです。長すぎて、どのくらいあるのかまだわかっていません。

陽子崩壊の実験は、陽子の寿命を測定するための実験なのです。陽子はとても安定していて、標準模型《ひょうじゅんもけい》では寿命は無限だと考えられています。標準模型は電磁気力《でんじきりょく》、弱《よわ》

図9 陽子崩壊

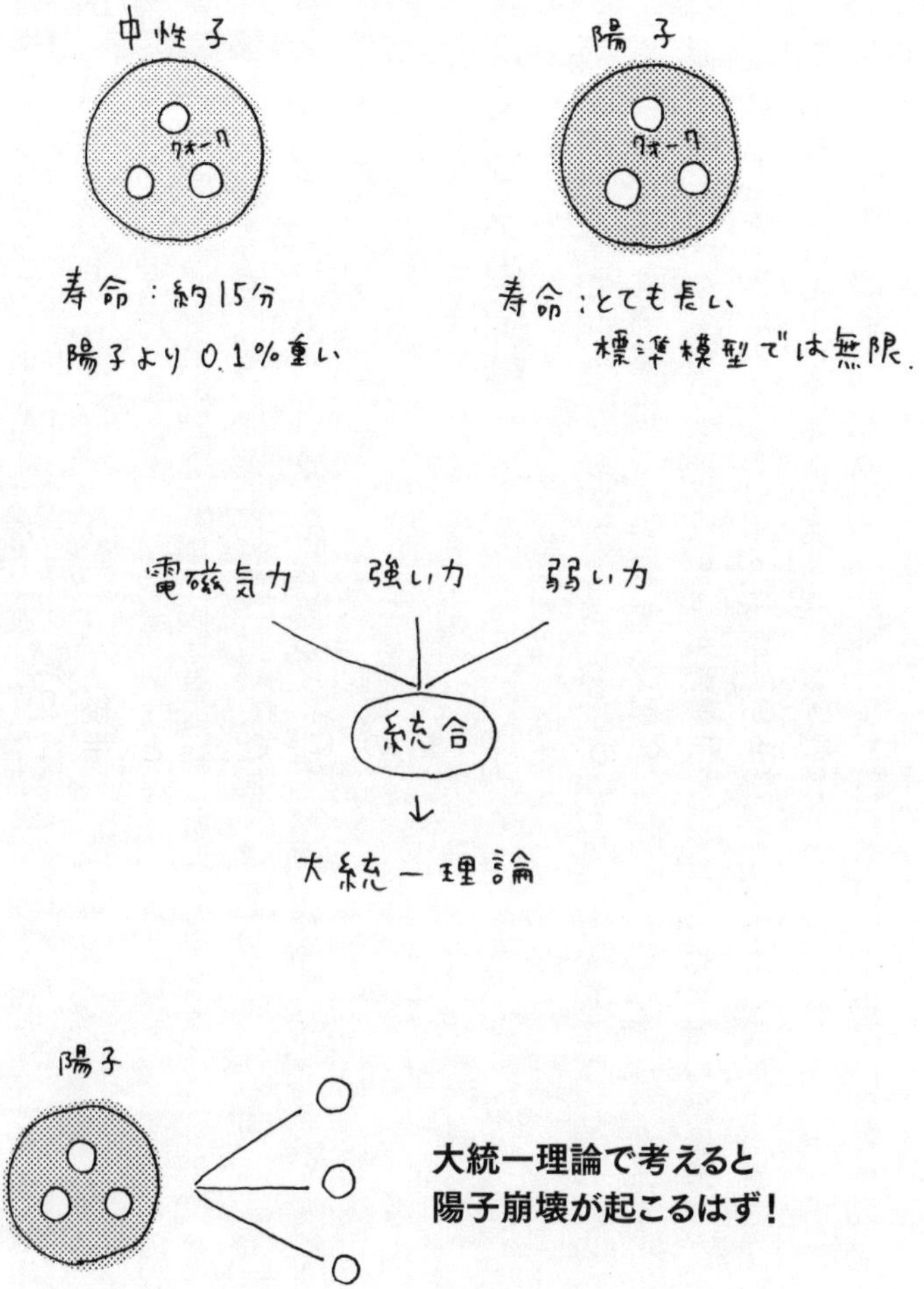
中性子
クォーク
寿命：約15分
陽子より0.1％重い
陽子
クォーク
寿命：とても長い
標準模型では無限.
電磁気力
強い力
弱い力
統合
大統一理論
陽子
大統一理論で考えると
陽子崩壊が起こるはず！

い力、強《つよ》い力《ちから》を1つの枠組みで説明しようという理論です。その過程で、電磁気力と弱い力は統一して扱うことができたのですが、強い力の統一はまだ完全にはできていません。そこで、この3つの力を統一した「大統一理論《だいとういつりろん》」というものが考えられるようになりました。

大統一理論が本当に正しい理論であれば、陽子は無縁に存在し続けるのではなく、有限の寿命をもつはずです。もし、実際に陽子崩壊が観測できればノーベル賞級の大発見となります。そこで、カミオカンデを建設して、陽子崩壊の観測にチャレンジすることになりました。

カミオカンデの建設

カミオカンデは神岡鉱山につくられたことによってつけられた名前です。実は、カミオカンデは最初から神岡鉱山につくられることが決まっていたわけではありませんでした。この実験施設の最初の候補地は岩手県釜石市にある新日本製鐵《しんにほんせいてつ》の鉱山でした。でも、当時の新日本製鐵は、富士製鐵《ふじせいてつ》と八幡製鐵《やはたせいてつ》が合併して間もない時期で、素粒子研究の実験施設の建設について話をする余裕がなかったようです。

そして、次の候補地に挙がったのが、岐阜県と長野県の県境にある中央自動車道の恵那山《えなさん》トンネルでした。恵那山トンネルは現在でも日本で5番目に長いトンネルです。このような長いトンネルの脇にはパイロットトンネルというものがつくられています。このパイロットトンネルはふだん使われていないので、海外ではパイロットトンネルを実験場所として利用することもあります。ところが、このパイロットトンネルも実験で使うことはできませんでした。このトンネルは災害や事故などが起きたときの避難用の通路としてあけておく必要があったので、大きな実験施設を設置するわけにはいかなかったのです。

そして、3番目の候補地として神岡鉱山の名前が挙がりました。小柴博士の研究グループは1960年代に、宇宙線が大気に衝突したときに発生するミューオンを捕まえる実験を神岡鉱山でやっていました。そのような関係もあって神岡鉱山が候補となったのです。

神岡鉱山は、当時、三井金属工業が採掘をしていたので、社長に実験施設をつくるための交渉をしたところ、現場の責任者である鉱長が許可しない限り認められないという回答があったそうです。その回答を受けて、小柴博士は、須田英博《すだてるひろ》博士と高橋嘉右《たかはしかすけ》博士の2人を神岡に送りました。

神岡鉱山には栃洞《とちぼら》地区と茂住《もずみ》地区があります。小柴博士が過去にミューオンを捕まえる実験を行ったのは栃洞地区の方でした。そこで2人は最初に栃洞地区の鉱長を訪ねました。過去に行われたミューオンの実験は小規模なものだったのですが、今度の実験は地下深くに3000トンの水を貯めるタンクを設置する大がかりなものでした。そのため、栃洞地区の鉱長にはあっさりと断られてしまったそうです。後がなくなってしまった2人は、茂住地区の鉱長を訪ねると、土下座をして必死に頼みこみました。その迫力に圧倒されて、茂住地区の鉱長は思わず首を縦に振ってしまったそうです。その後、予算の確保や建設など、さまざまな苦労がありましたが、1983年7月にカミオカンデは完成し、実験を開始しました。

陽子《ようし》崩壊《ほうかい》の観測

大統一理論の予言によると、カミオカンデが実験を開始した当時は、陽子の寿命は10^{29}年ぐらいあると考えられていました。寿命があるといってもこれはとても長い時間です。人間の寿命を100歳だとすると、10^{2}年と表現できますが、陽子の寿命はそれよりも0の数が27個も多くなります。ちなみに、この宇宙は138億年前に誕生したと考えられているので、同じように表すと10^{10}年となります。つまり、陽子の寿命は宇宙の年齢よりも長いのです。寿命があるといっても、とても長い時間が経たないと壊れません。

陽子崩壊を確かめるには、それだけ長い間、ずっと実験をしなければいけないのでしょうか。実はそうではないのです。素粒子のようなとても小さなものの世界では、量子力学の法則が働いています。量子《りょうし》力学《りきがく》では、すべての出来事は確率で語ることになるので、陽子崩壊も確率の問題になってきます。

つまり、1個の陽子だけに注目して観測した場合、その陽子はすぐに壊れるかもしれませんし、10^{29}年後に壊れるかもしれません。陽子崩壊が起こったとしても、とても長い時間観測しなければならないだけでなく、正確な寿命は測定できません。観測時間を短くして、しかも正確な寿命を測定する一番簡単な方法は、たくさんの陽子を集めて観測することです。

たとえば、10^{29}個の陽子の中の1個が1年後に壊れる確率と、1個の陽子が10^{29}年後に壊れる確率は同じになります。ということは、10^{29}個の陽子を集めて観測すれば、1年に1回は陽子崩壊が観測できることになるのです。すべての物質は原子でできているので、陽子をもっています。このことから、たくさんの物質を用意して、陽子崩壊を観測するという発想が生まれました。

カミオカンデで観測するために用意した物質は水でした。場所にもよりますが、水はこの地球上で最も安く大量に用意できるものの1つです。しかも、神岡鉱山は湧き水が豊富に出るので、大量の水を用意するには都合のよい場所だったのです。カミオカンデの本体は、山頂から地下１０００メートルの坑道《こうどう》に設置された直径15・６メートル、高さ16メートルの巨大なタンクです。この中には３０００トンの水を貯めることができます。水の分子1個あたり、陽子は10個あるので、３０００トンの水には10^{32}個の陽子が含まれる計算です。タンクの壁一面には、光電子増倍管《こうでんしぞうばいかん》という特殊な光センサーが１０００個も取りつけられ、陽子崩壊が発生したときの信号をとらえるしくみになっていました。

カミオカンデの建設当初は、これだけの量の水を集めれば、１年に１００回程度の陽子崩壊が観測でき、３年くらい観測を続ければ、陽子崩壊を証明できるだけのデータがそろうと考えられていました。しかし、１年間観測を続けても陽子崩壊と思われる現象を観測することはできませんでした。

この結果は、陽子の寿命がこれまで考えられていたよりも長いものであることを意味しています。ですから、まったく成果がなかったわけではないのですが、カミオカンデの建設には5億円もの税金が投じられていました。小柴博士は、貴重な税金を使ってつくった以上、もっとめざましい成果をあげる必要があると考え、１つの決断をしました。カミオカンデの主な実験を、陽子崩壊の観測から、太陽ニュートリノの観測に切り替えることにしたのです。

カミオカンデの大方向転換

この当時、太陽の内部でつくられている太陽ニュートリノには大きな謎がありました。アメリカの物理学者レイモンド・デイビス博士のグループは、1960年代後半からサウスダコタ州の金鉱で、太陽ニュートリノの観測実験をしていました。この実験をしているとき、デイビス博士は、太陽からやってくるニュートリノの数が理論的な予想値よりも少ないことに気づきました。これを「太陽ニュートリノ問題」といいます（図10）。

ただし、この頃は、太陽ニュートリノ問題が存在すること自体、あまり信じられていませんでした。というのも、デイビス博士の観測手法は誤差が多くて、あまり信頼性がないと思われていたからです。

太陽の中心部分では、4つの水素原子核《すいそげんしかく》が結合してヘリウム原子核が1つできる核《かく》融合反応《ゆうごうはんのう》が起こっています。この反応が起こっているおかげで、太陽は大量の熱と光を放出し、自ら光り輝く恒星となっているのです。そして、この核融合反応の過程の中で、大量のニュートリノも発生しています。

ニュートリノは太陽内部の物質とはほとんど反応せずに地球までやってくるので、観測することで、太陽内部のことがわかります。もし、太陽ニュートリノ問題が太陽内

図10 太陽ニュートリノ問題

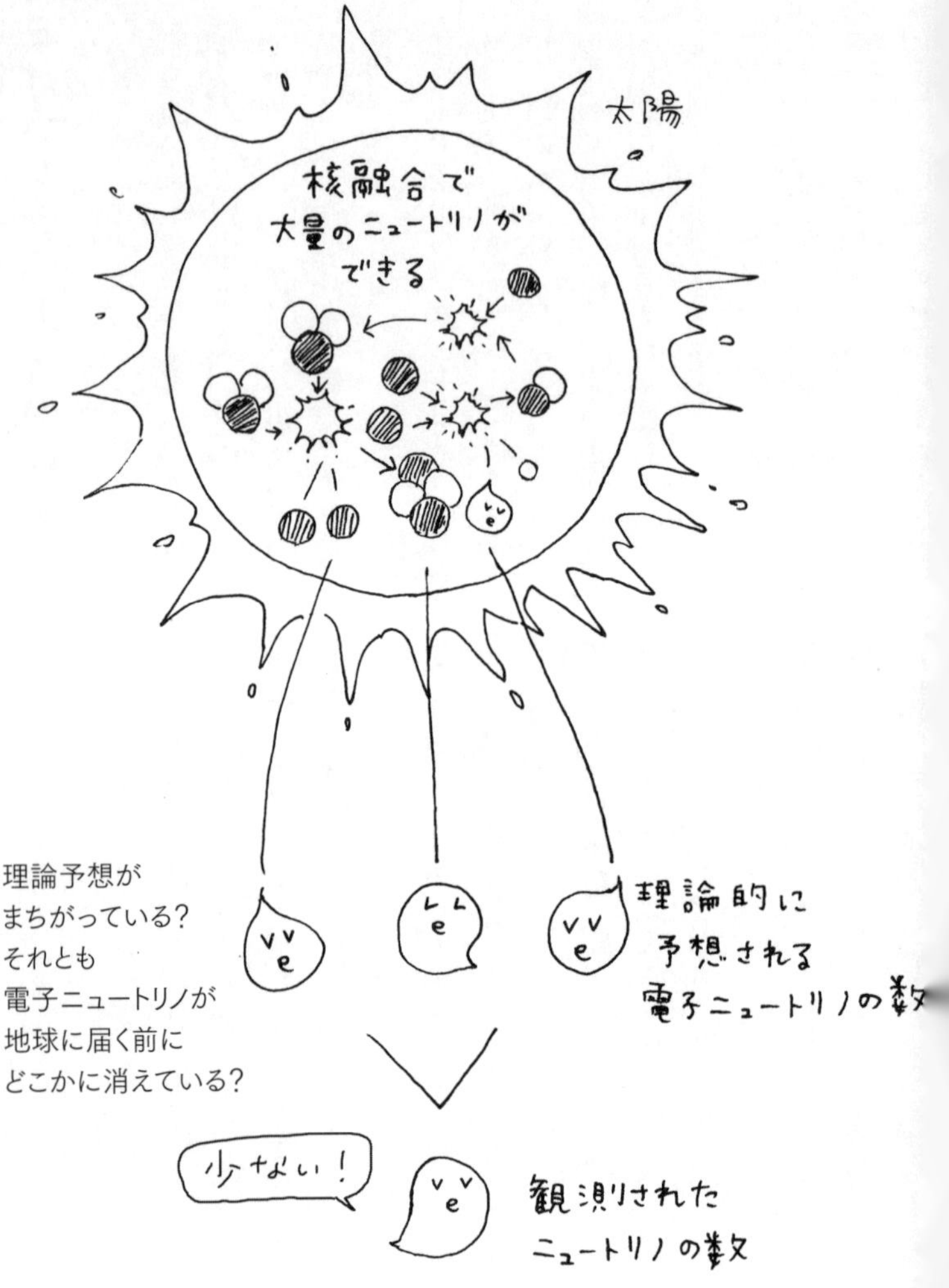

部の事情で起こっていたとしたら、太陽からの大切なメッセージを見逃すことになります。そこで、小柴博士のグループは、太陽ニュートリノ問題が起こっているのかどうかを確かめることにしたのです。

なぜ、そのように観測対象を変えることができたのかといえば、カミオカンデは陽子崩壊を観測するだけでなく、ニュートリノの観測もすることができる装置だったからです。陽子崩壊が起こると、陽子はパイ中間子と陽電子《ようでんし》という粒子になります。それらの粒子が水の中を移動するときに、チェレンコフ光《こう》という青白い光を３つ放出します。このチェレンコフ光はカミオカンデの壁面に到着するまでに円形に広がっていき、壁面にある光電子増倍管（図11）にとらえられます。つまり、カミオカンデで円形のチェレンコフ光が同時に３つ発生したら、陽子崩壊が起こったといえます。

この観測をするときに、陽子崩壊の信号をかき消してしまうノイズを生みだすのがミューオンやニュートリノです。ニュートリノは４つの力の中では弱い力だけしか反応しないので、他の物質とはほとんど反応しません。ですから、太陽も、地球も、私たちの体も、何もなかったかのように通り抜けてしまいます。原子はもともとスカスカな状態ですが、電磁気力があるおかげで、私たちは原子に一定の大きさがあるように感じています。しかし、電磁気力と反応しないニュートリノからすれば、原子でできている物質はとてもスカスカに見えることでしょう。

図11 光電子増倍管

カミオカンデに使われている光電子増倍管。光電子増倍管は飛び込んできた微弱な光を電気信号に変換する装置で、電球部分の直径が大きいほど、弱い光でも検知できる。カミオカンデを建設するために、世界最大の直径20インチ（50.8センチ）の光電子増倍管が新しく開発された。

ただ、さすがのニュートリノも、他の物質とまったく反応しないわけではありません。たとえば、地球を30億個分並べると、ニュートリノはやっと1回反応するといわれています。カミオカンデは3000トンという大量の水を蓄えています。加えて、太陽などから大量のニュートリノがやってくるので、カミオカンデの中で電子などと反応する可能性があります。そのような反応が起こると、やはりチェレンコフ光が発生します（図12）。陽子崩壊にとっては、そのチェレンコフ光がノイズとなってしまい、観測にとっては邪魔な存在だったのです。

実際、陽子崩壊の観測をしているときに、ときおり大気で発生する大気ニュートリノがカミオカンデの中で反応する信号がとらえられていました。実は、陽子崩壊の観測

図12 太陽ニュートリノ観測のしくみ

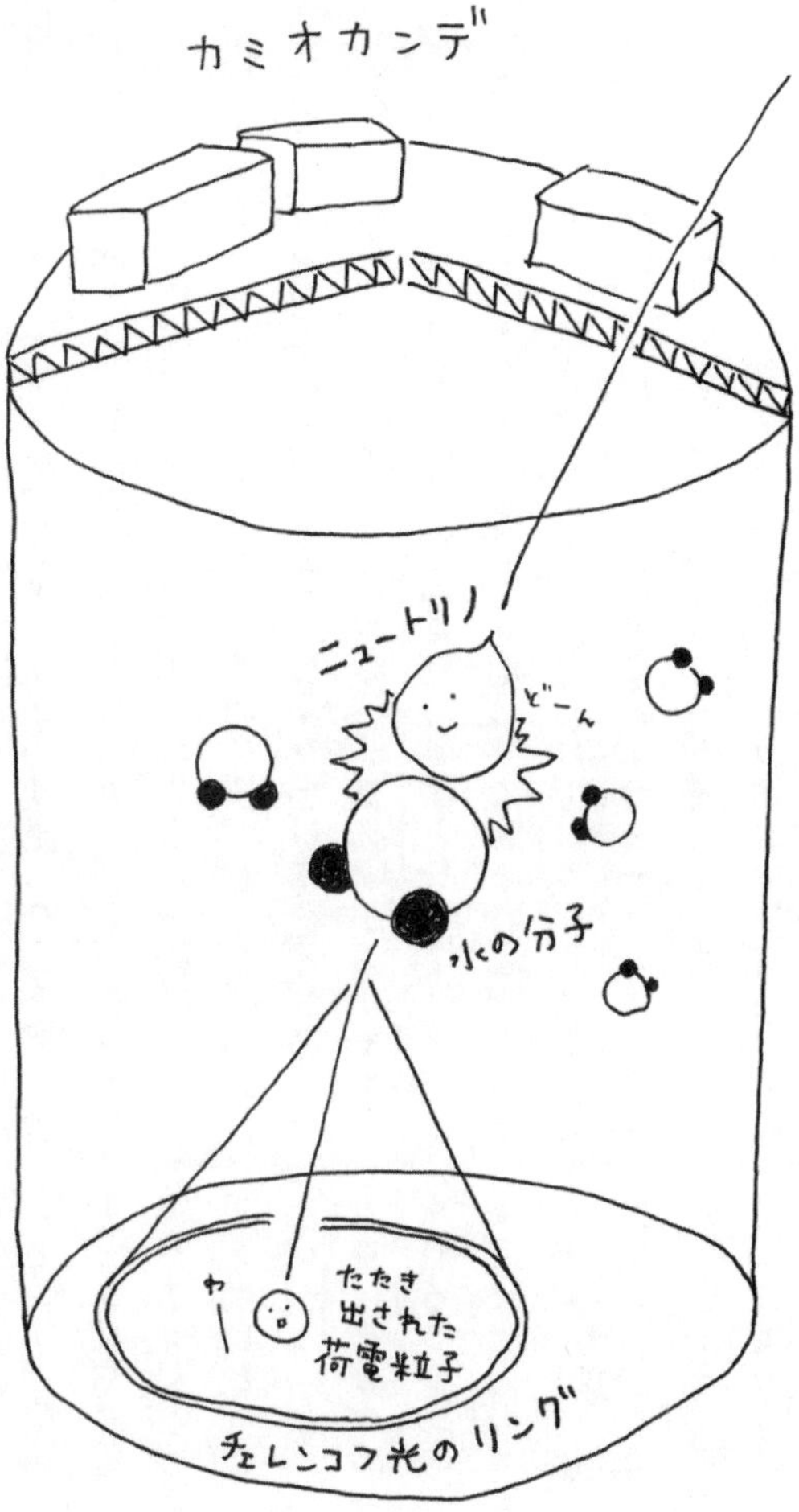

ニュートリノはまれに粒子に衝突する。カミオカンデに飛び込んだニュートリノが水分子に衝突すると、電子やミューオンといった荷電粒子をたたきだす。それらの荷電粒子が水中を進みながら減速するときに放たれる光がチェレンコフ光。カミオカンデはこの光を検知することでニュートリノを観測する。

から、他のテーマに切り替えるときに、大気ニュートリノの観測も選択肢の1つとしてはありました。実際、カミオカンデを建設するときの計画書には、「大気ニュートリノの検出」も目的の1つとして書かれていたそうです。でも、観測を続けていく中で、カミオカンデで太陽ニュートリノもとらえられるとわかってきたことにより、小柴博士のグループは太陽ニュートリノ観測を次のテーマとして選んだのです。

観測対象を陽子崩壊から太陽ニュートリノに変更したことで、カミオカンデの研究チームは大きな問題にぶつかることになりました。実は、太陽ニュートリノが電子とぶつかるエネルギーは陽子崩壊のエネルギーの100分の1ほどしかありません。つまり、発生するチェレンコフ光は弱くなるのです。しかもこの現象は1週間に数回起こる程度なので、もっとカミオカンデの感度を上げる必要がありました。

感度を上げるためには、ノイズをさらに下げる必要があります。そこで、そのための改造がはじまったのです。神岡鉱山は他の鉱山と比べて、岩石に含まれるウランの量が多い場所でした。そして、ウランが崩壊することによってラドンもたくさん発生していました。ラドンは空気中に存在するだけでなく、水にも溶けています。特に水中にラドンが溶けていると、ラドンの崩壊によってチェレンコフ光をたくさん発生してしまうので、ニュートリノの観測を大きく邪魔してしまいます。カミオカンデの改造では、水中のラドンを取り除き、空気中のラドンの影響も減らすことがとても大きな課題として浮かび上がってきたのです。

水中のラドンは特殊なフィルターを開発することで取り除くことができました。そして、空気中のラドンがタンクの中に入らないようにするために、タンクを密封していきました。カミオカンデはたくさんのケーブルや配管がされていて、とても複雑な構造をしていたので、密封作業はとてもたいへんだったそうです。それでも、改造作業は約1年半で終わり、1987年1月には太陽ニュートリノを観測できる体制が整いました。

奇跡的なタイミングで超新星爆発《ちょうしんせいばくはつ》が起こる

地球は天の川銀河《あまのがわぎんが》（銀河系）の中に存在していますが、天の川銀河のすぐ近くに大《だい》マゼラン銀河《ぎんが》が存在しています。この大マゼラン銀河は、直径が天の川銀河の20分の1ほどという小さな銀河です。でも、構成の材料となる星間物質《せいかんぶっしつ》が多く、大きくて重い恒星《こうせい》がたくさん存在します。1982年に大マゼラン銀河の中で超新星爆発が観測されました。

超新星爆発というのは、太陽の8倍以上の質量をもった恒星が核融合を終えて、死を迎えるときに起こす大きな爆発です。超新星爆発はとても大きな爆発現象なので、発生と同時に強い光が放出されるイメージをもっている人も多いでしょう。でも、実際、研究してみると、光よりもニュートリノの方が先に放出されるのです。

理論的に計算してみると、超新星爆発に使われるエネルギーのうち99パーセントがニュートリノをつくるのに使われているそうです。ニュートリノは他の物質と反応しない素粒子なので、99パーセントものエネルギーがニュートリノに変化してしまうと、超新星爆発なんて起こらないように思ってしまいます。でも、そこにはちょっとしたからくりがありました。

超新星爆発が起こる直前、恒星の中心部分は、自分自身の重力が支えきれなくなり、ものすごい力で押しつぶされます。このとき、中心部分にかかる圧力が高すぎて、ニュートリノでも他の物質とぶつかってしまうほど密度が大きくなってしまいます。そのため、ニュートリノは10秒ほど中心部分にとどまることになり、超新星爆発が起こる手伝いをするのです。中心部分にあったニュートリノは、超新星爆発が起こった直後に宇宙空間に飛び散りますが、光が発生するのはそれから数時間後になります。

大マゼラン銀河は地球から約16万光年離れた場所にあります。つまり、大マゼラン銀河で超新星爆発が起きたことを知るのは、実際に爆発が起きてから16万年後になります。

カミオカンデでニュートリノを観測できる環境が整えられたころには、すでに超新星爆発は起こっていて、そのとき発生したニュートリノはもう、地球からすぐ近くの場所にまでやってきていました。カミオカンデの改造が終わったのは、そんな絶妙なタイミングだったのです（図13）。

大マゼラン銀河の超新星爆発が地上で最初に確認されたのは、南米だったといいます。地球で超新星爆発が観測されたのは、実に383年ぶりの出来事でした。その情報はカミオカンデのグループにも伝えられ、すぐにカミオカンデのデータが調べられました。すると、グリニッジ標準時《ひょうじゅんじ》で2月23日の午前7時35分35秒から13秒間にわたり11個のニュートリノが観測されていました。カミオカンデでニュートリノをとらえた時刻は、超新星爆発の光が地球に届いた時刻の2時間ほど前だったことや、超新星爆発が起こった後にとても密度の高い中性子星ができたことなどが、ニュートリノでの観測データとよく一致しました。世界ではカミオカンデの他に超新星爆発によるニュートリノをとらえたチームがあるはずなので、カミオカンデの研究チームは、その結果をすぐに論文にまとめて報告しました。カミオカンデのデータは超新星爆発によるニュートリノを一番確実にとらえたと認められ、世界中から賞賛されました。

カミオカンデのとらえたニュートリノの情報を分析することによって、超新星爆発では内部でどのようなことが起こっているのかがわかるようになりました。これまで天体の様子を知るには光や電波といった電磁波《でんじは》を観測する方法しかありませんでした。

図13 超新星爆発によるニュートリノ放出

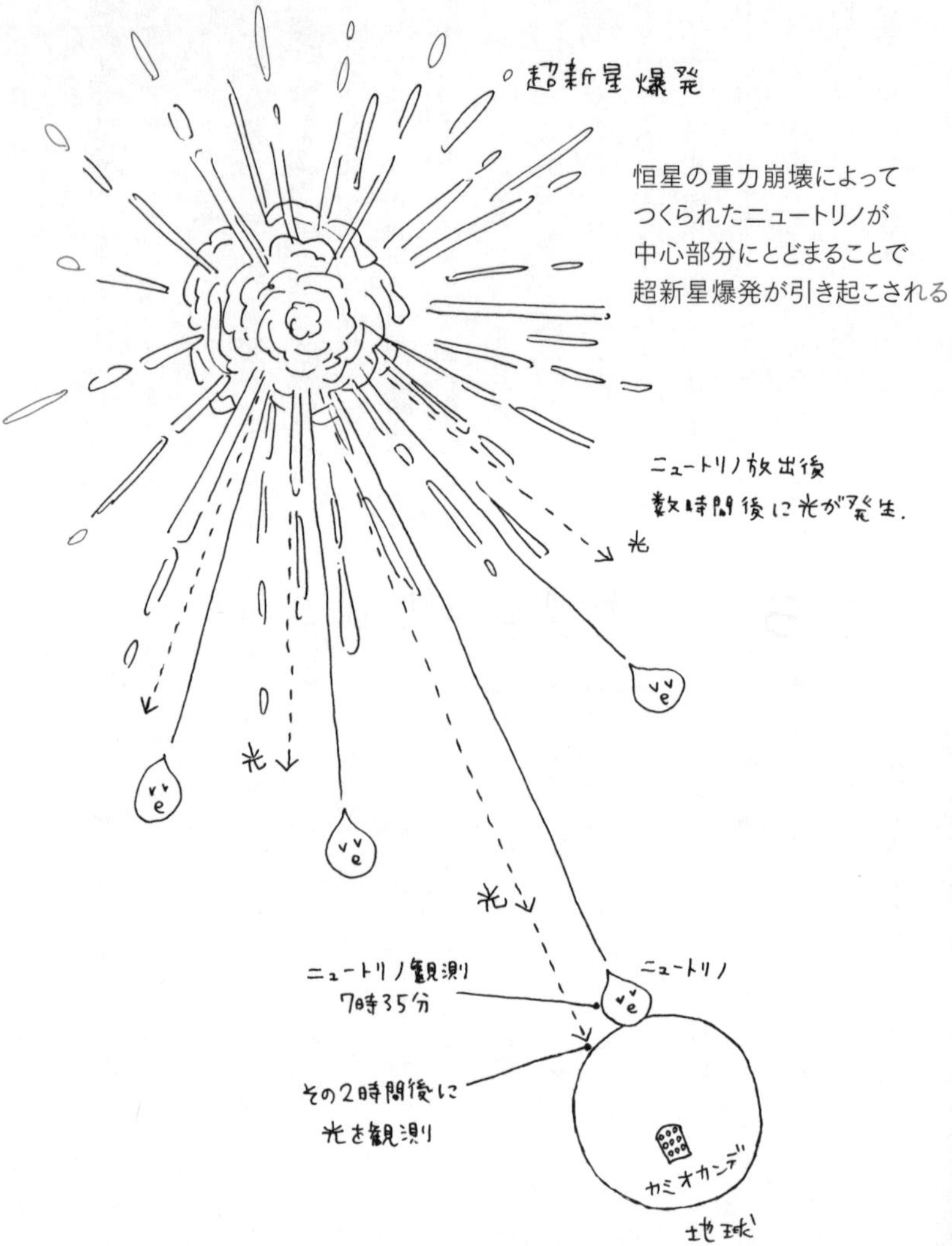

しかし、カミオカンデによって、新たにニュートリノを観測することで天体内部の様子がわかることが世界中に示されました。そして、ニュートリノ天文学という新しい分野が誕生したのです。カミオカンデでの研究を率いた小柴博士は、この功績によって2002年にノーベル物理学賞を受賞しました。

超新星爆発によるニュートリノを観測した後、カミオカンデは、もともと計画していた太陽ニュートリノの観測に取り組みました。そして、1987年の秋には、デイビス博士たちの観測と同じように、太陽ニュートリノの観測数が理論予想値よりも少ないという結果が出ました。つまり、デイビス博士たちが主張するように、太陽ニュートリノには欠損問題《けっそんもんだい》が起こっていることが確認されたのです。小柴博士がノーベル賞を受賞した理由には、この太陽ニュートリノ問題を確認したという成果も含まれていました。そして、太陽ニュートリノ問題を発見したデイビス博士も、小柴博士と同時にノーベル物理学賞を受賞しました。

ニュートリノでおかしな現象が見つかる

その後、カミオカンデでの研究は小柴博士から戸塚洋二《とつかようじ》博士に引き継がれました。太陽ニュートリノの観測は引き続き行われ、欠損の原因が太陽の活動ではなく、ニュートリノ自身にありそうだということがわかってきました。それと同時に、ニュートリノの謎がもう1つ発見されました。

その謎を発見したのが、梶田隆章《かじたたかあき》博士です。カミオカンデでは陽子崩壊の観測をしているときから、ノイズのもととなる大気ニュートリノの観測データを蓄積していました。そのデータを整理してみると、大気ニュートリノも太陽ニュートリノと同じように、理論から予測された数よりも、観測された数の方が少なかったのです。つまり、大気ニュートリノでも欠損問題が起こっていることに気がついたのです。この現象は「大気ニュートリノ異常《いじょう》」と呼ばれました。

大気ニュートリノは、宇宙からやってきた高エネルギーの粒子である宇宙線《うちゅうせん》が地球の大気と衝突することで発生します。宇宙線と大気が衝突すると、さまざまな種類の粒子が現れます。ニュートリノには、電子《でんし》ニュートリノ、ミューニュートリノ、タウニュートリノの3種類があるということはすでにお話ししましたが、大気ニュートリノは電子ニュートリノとミューニュートリノの2種類のニュートリノから構成されています。宇宙線が大気にぶつかると、さまざまな種類の粒子が生まれます。その中の1つであるパイ中間子《ちゅうかんし》という粒子から最終的に電子ニュートリノとミューニュートリノが1対2の割合でつくられるのです（図14）。

カミオカンデの観測データから、この2種類のニュートリノの観測数を数えてみる

図14 大気ニュートリノ異常

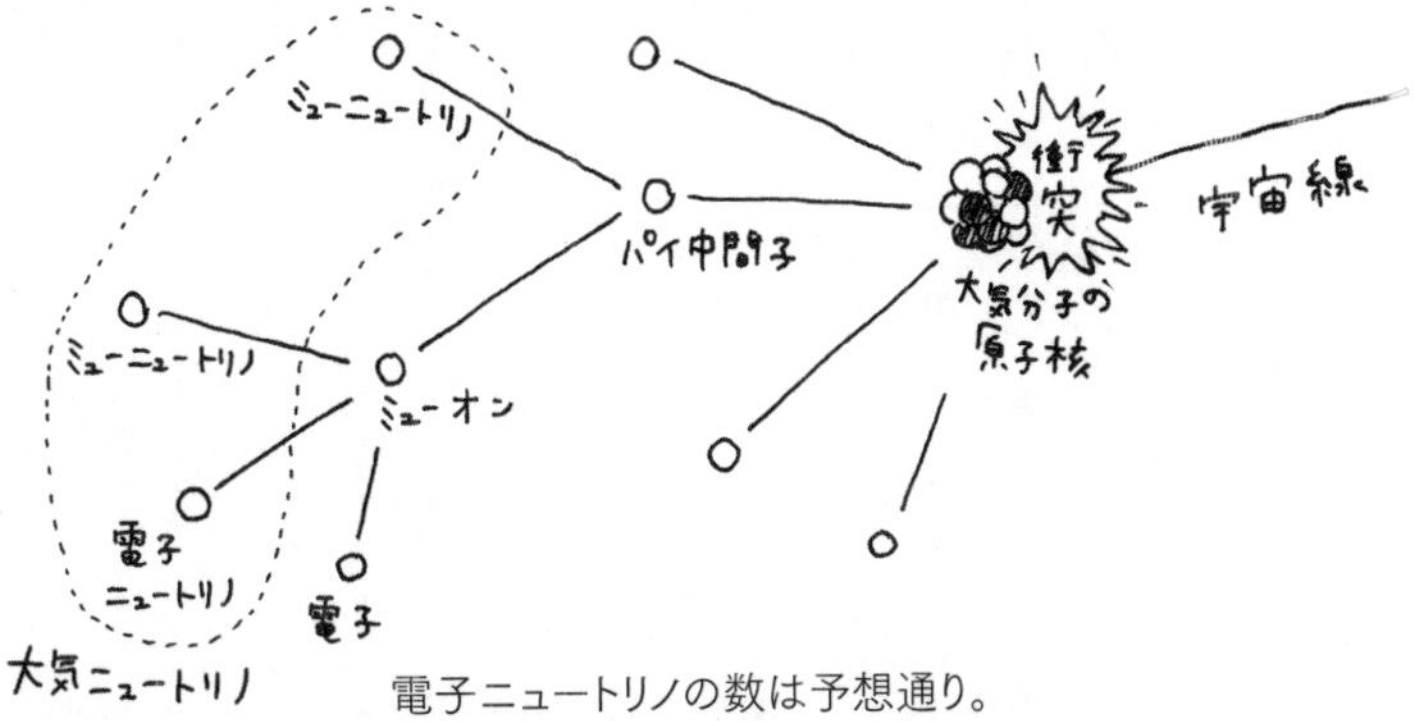

電子ニュートリノの数は予想通り。
ミューニュートリノの数は予想の6割。

⇩

ミューニュートリノは
別のニュートリノに変身しているのでは？

⇩

ニュートリノ振動？

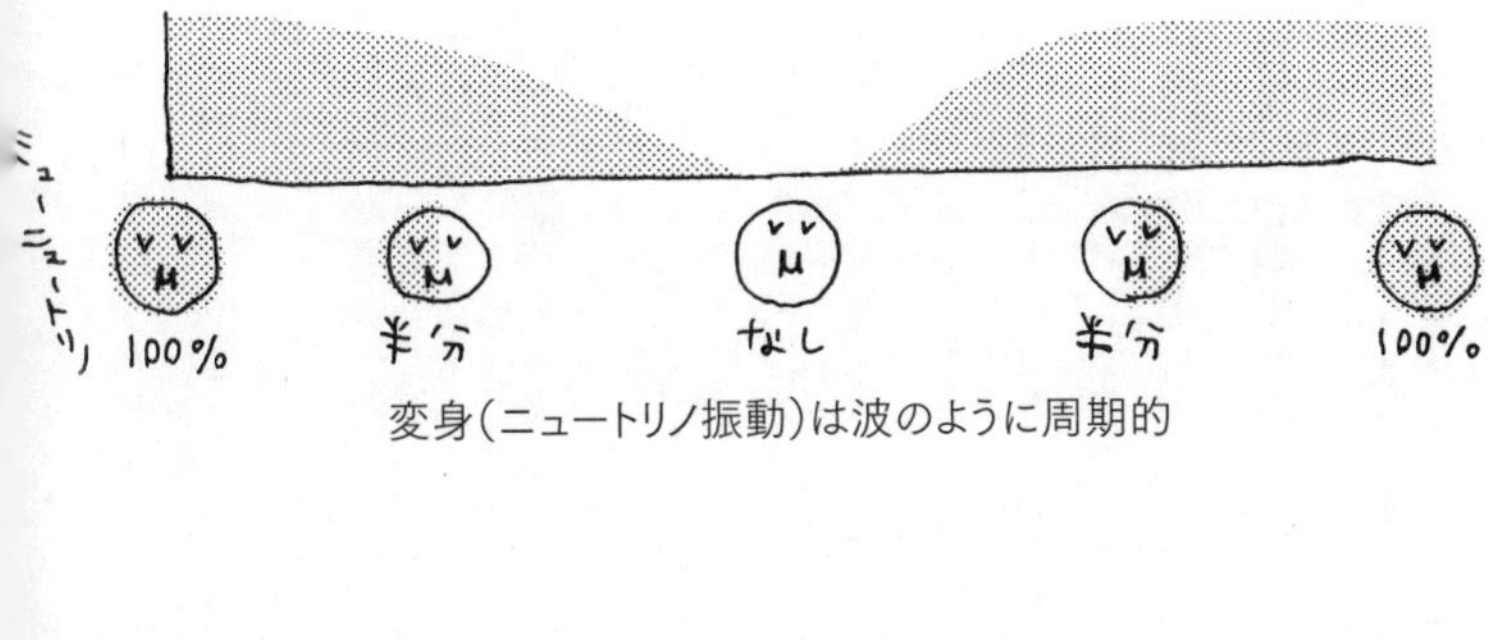

変身（ニュートリノ振動）は波のように周期的

と、大気ニュートリノ異常の詳しい状況がわかってきました。電子ニュートリノは理論予測の数と同じくらいの数が観測されていたのですが、ミューニュートリノの数が理論予測の6割程度しか観測されていなかったのです。

カミオカンデでは、観測したニュートリノがどの方向からやってきたのかもわかるので、その方向を調べることでニュートリノが発生した大気からカミオカンデまでのおおよその距離もわかります。ニュートリノの飛行距離と観測数の関係を調べてみると、遠くからやってくるミューニュートリノほどたくさん減っていたのです。

ニュートリノは他の物質とほとんど反応しないので、大気ニュートリノにしても、太陽ニュートリノにしても、途中でなくなってしまうことはあまり考えられません。でも、実際に観測してみるとニュートリノの数は減っているように見えます。なぜ、このようなことが起こるのでしょうか。

実は、この謎を説明できる仮説が1962年に発表されていました。発表したのは、日本の理論物理学者である牧二郎《まきじろう》博士、中川昌美《なかがわまさみ》博士、坂田昌一《さかたしょういち》博士の3人です。3人の仮説は、3種類あるニュートリノは飛行中に別の種類のニュートリノに変身するというものです。しかも、その変身は波のように周期的に変化すると考えられていたので、「ニュートリノ振動《しんどう》」と名づけられました。

ニュートリノ振動が起こっているとすれば、ミューニュートリノの数が予想より少ないことや、距離によって変化することなどがうまく説明できます。でも、ニュートリノ振動仮説には大きな問題がありました。ニュートリノ振動が起こるためには、ニュートリノに質量がないといけないのです。この仮説では、３種類のニュートリノがそれぞれ異なる質量をもつことでニュートリノ振動が起こると考えられていたのです。

　ところが、物理学者たちが長い年月をかけてつくりあげてきた素粒子の標準模型はニュートリノに質量がないことを前提につくられていました。この標準模型は、素《そ》粒《りゅう》子《し》物《ぶつ》理《り》学《がく》研究のバイブル的な存在で、１９７０年代に形づくられてから30年近く、素粒子に関係するすべての実験結果を予言してきました。それらの結果を集めると、７００ページ近くの本ができあがるほどです。ニュートリノ振動が起こっているということになれば、ニュートリノは質量をもつことになります。その場合、とても信頼性のある標準理論が覆されることになるのです。

スーパーカミオカンデでニュートリノ振動が見つかる

　ニュートリノ振動が起こっているかどうかを調べるためには、より精密な実験をする必要がありました。そこで、スーパーカミオカンデ計画が企画され、１９９１年から建設に取りかかりました。スーパーカミオカンデはカミオカンデを大型にした施設です（2・3・5ページ参照）。直径39・3メートル、高さ41・4メートルの円筒形のタンクの中には5万トンの水を貯めることができます。そして、内部に取りつける光電子増倍管は1万1129本と10倍以上に増えました。装置の大型化によって性能はカミオカンデの15倍にもなりました。カミオカンデで15年観測しなければいけないことが、スーパーカミオカンデでは1年で観測できてしまうのです。

スーパーカミオカンデは1996年に完成し、さっそく大気ニュートリノの観測をスタートさせます。その結果、スーパーカミオカンデの真下からやってくるミューニュートリノの数が、真上からやってくるミューニュートリノの半分しかないことがわかりました。ちなみに、電子ニュートリノは真上からやってくる場合も、真下からやってくる場合も数はほとんど変わりませんでした（図15）。

スーパーカミオカンデは神岡鉱山の地下1000メートルの地点にあるので、真上からやってくる場合と、真下からやってくる場合とでは飛行距離が大きく変わります。真上からは10〜30キロメートルで届きますが、真下からは1万2000キロメートル以上飛ぶことになります。ニュートリノは地球内部の物質とはほぼ反応しないので、ミューニュートリノが反応してなくなることはありません。ということは、ミューニュートリノはニュートリノ振動によって他のニュートリノに変化したことになります。電子ニュートリノの数は真上からのものも、真下からのものもほとんど変わらなかった

図15 スーパーカミオカンデによるニュートリノ実験

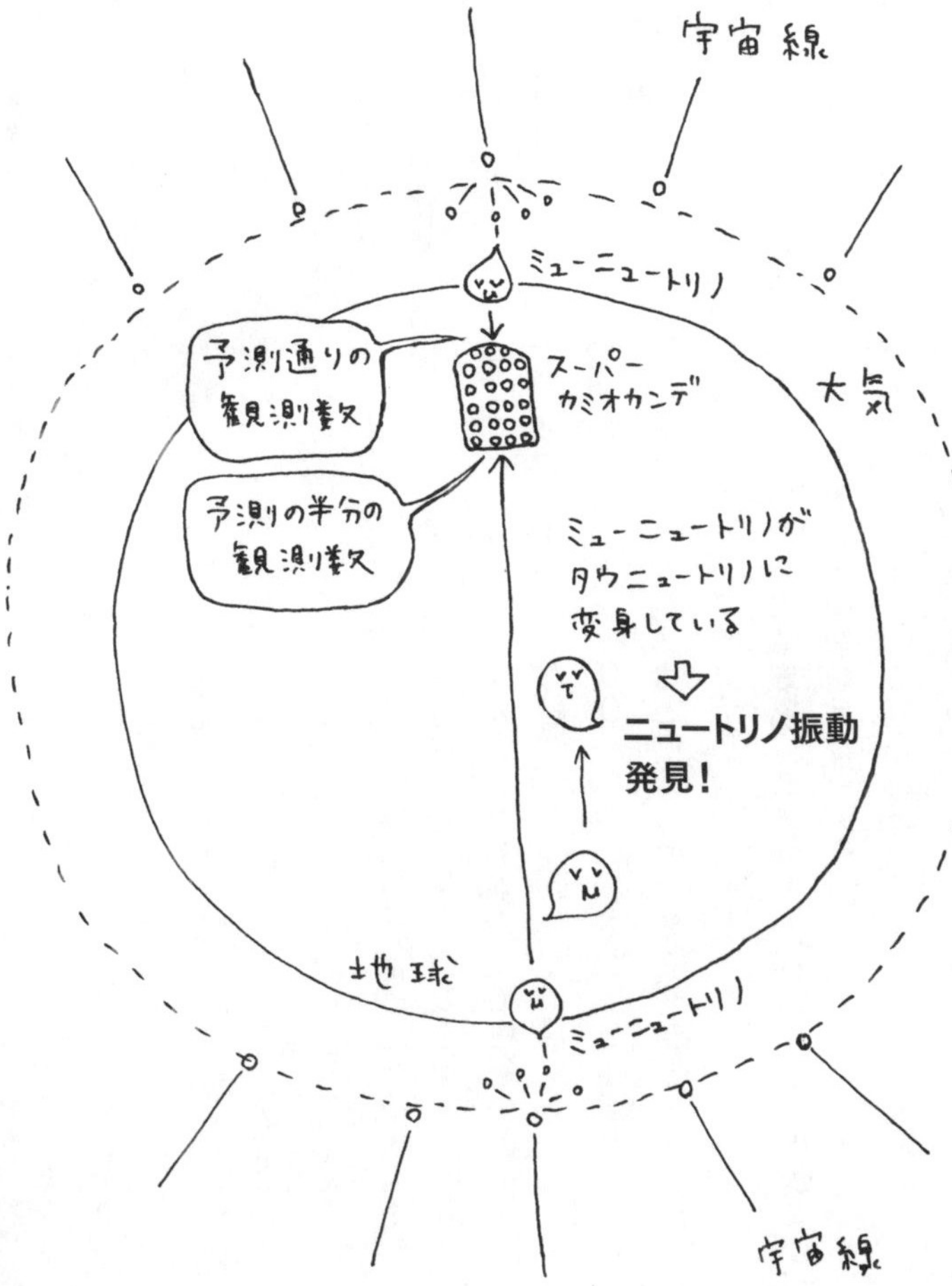

ことから、大多数のミューニュートリノはタウニュートリノに変化したことがわかりました。スーパーカミオカンデでは、タウニュートリノをとらえることができないので、タウニュートリノに変化した分は消えたように見えていたのです。

スーパーカミオカンデの観測データはニュートリノ振動の理論予測とみごとに一致し、ニュートリノに質量があることが初めて明らかになりました。この観測結果は、1998年6月に岐阜県高山《たかやま》市で開かれたニュートリノ国際会議で発表されました。会議2日目の6月5日に、スーパーカミオカンデの研究グループを代表して梶田博士が、ニュートリノ振動発見の報告したところ、会場に集まった物理学者たちは一斉に拍手をしはじめ、しばらく鳴り止みませんでした。中には、立ちあがって敬意を表する物理学者もいたほどです。スーパーカミオカンデの観測によって、ニュートリノ振動が発見され、ニュートリノに質量があることがはっきりしました。この観測結果は、素粒子の標準模型のほころびを明らかにした初めての例として、素粒子物理学の歴史の新たな1ページを記したのです。

このニュースは、日本国内のメディアはもちろん、海外でも大々的に伝えられました。そのニュースを見た当時のアメリカ大統領のビル・クリントン氏はマサチューセッツ工科大学の卒業式でのスピーチでこのことを紹介したのです。この出来事は、ニュートリノ振動の発見がどのくらい衝撃的なことだったかをよく表しています。

第3章

まだまだ謎の多いニュートリノ

スーパーカミオカンデの観測を検証する

スーパーカミオカンデの観測によって、大気《たいき》ニュートリノでは、ミューニュートリノがタウニュートリノに変化するニュートリノ振動《しんどう》が起こっていたことが明らかになりました。この観測結果はとてもすばらしいものなのですが、科学の世界ではある現象が起こっていることを証明するとき、1つの実験結果を示すだけでは充分ではありません。別の角度からの実験も行い、最初の実験結果が本当に正しいのかを検証する必要があります。

大気ニュートリノの異常については、この検証実験もスーパーカミオカンデで行いました。茨城県つくば市にある高《こう》エネルギー加速器研究機構《かそくきけんきゅうきこう》（KEK）の加速器（図16）でつくったミューニュートリノをスーパーカミオカンデで観測したのです。

KEKからスーパーカミオカンデまでは、直線で約250キロメートルの距離があります。KEKでつくったミューニュートリノが250キロメートル先のスーパーカミオカンデでどのくらいとらえられるのかを正確に観測することによって、ミューニュートリノが他の種類のニュートリノに変化するニュートリノ振動が起こっているかどうかを調べたのです。この実験はKEKから神岡に向かってニュートリノを発射することから、K2K（KEK to Kamioka）実験と呼ばれました（図17）。

図16 加速器とは？

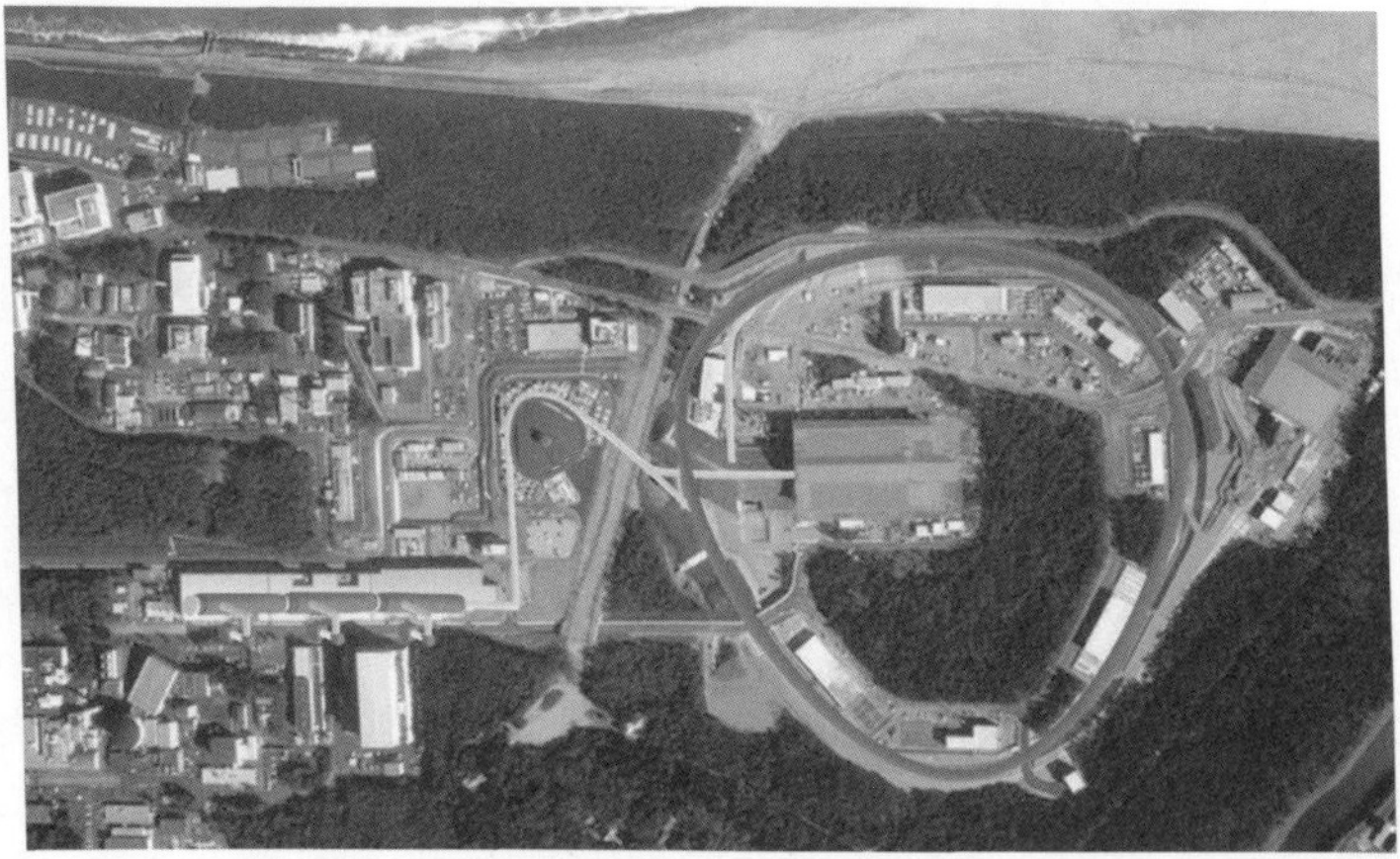

加速器とは電子や陽子などの荷電粒子を光に近い速さまで加速し、高いエネルギー状態を作り出す装置。リングの1周の距離が数kmとなるトンネル（加速空洞）内で高い電圧をかけ、磁場を制御することで粒子を曲げながら加速させる。高いエネルギーで粒子同士を衝突させたり、標的となる金属に衝突させることで素粒子を取り出す。素粒子の研究に使われる加速器は、茨城県つくば市のKEK-B(高エネルギー加速器研究機構)、茨城県東海村のJ-PARK(大強度陽子加速器施設　上記写真)、兵庫県播磨市のSPring-8(大型放射光施設）などがある。

J-PARKの加速器「メインリング」(円形加速器)。1周約1.6km、直径500mの陽子加速器。
(提供：高エネルギー加速器研究機構　2点とも)

図17 ニュートリノ発射実験

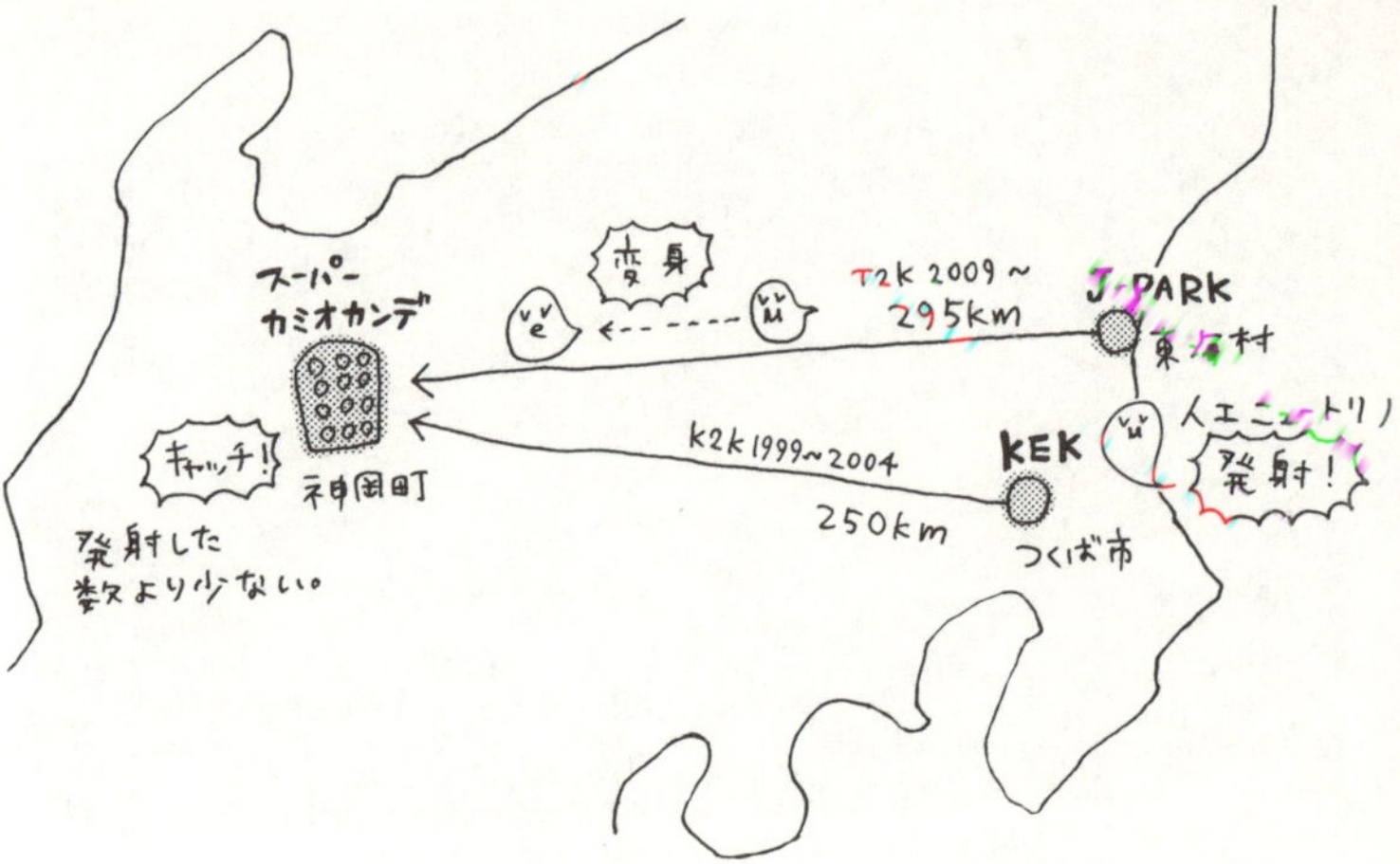

人工的につくったニュートリノをスーパーカミオカンデに発射し、ニュートリノに変化が起こるか（ニュートリノ振動が起こっているか）を調べる実験。「K2K」はKEKから神岡に、「T2K」は東海村から神岡に向けてニュートリノを発射した。

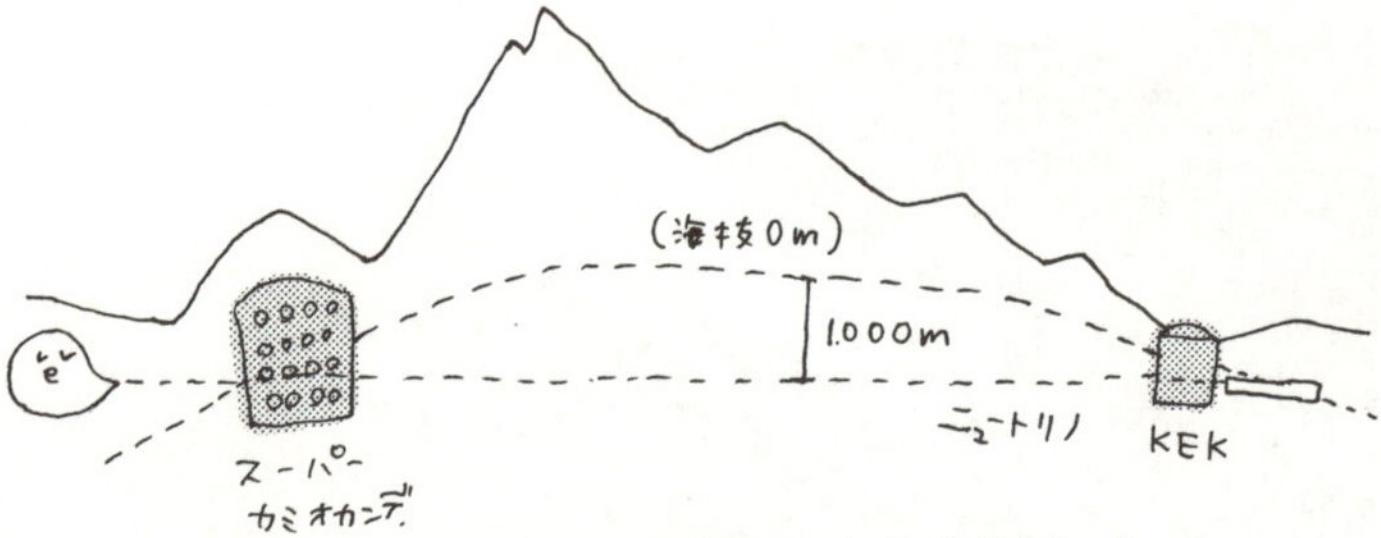

地球は丸いため、ニュートリノは地中に向けて発射され、スーパーカミオカンデまで到達させる。なんでも通り抜けるニュートリノだからこそ成立する実験。

Ｋ２Ｋ実験は１９９９年から２００４年にかけて行われ、その結果、スーパーカミオカンデでとらえられたミューニュートリノは、ＫＥＫでつくった数よりも減っていました。これはミューニュートリノが他の種類のニュートリノに変化したことを意味しており、人工のニュートリノでも99・９９７％の確率でニュートリノ振動が起こっていることが明らかになりました。

さらに、２００９年からは、つくば市よりもさらに遠く離れた茨城県東海村《とうかいむら》に建設された大強度陽子加速器施設《だいきょうどようしかそくきしせつ》（Ｊ—ＰＡＲＣ）からニュートリノビームをスーパーカミオカンデに向けて発射するＴ２Ｋ（Tokai to Kamioka）実験が行われています。Ｊ—ＰＡＲＣでは、Ｋ２Ｋ実験の１００倍の強度のニュートリノビームを発生させることができます。これは世界最大強度のニュートリノビームで、ここから送られたニュートリノを２９５キロメートル離れたスーパーカミオカンデで観測します。

２００９年から２０１３年にかけては、ミューニュートリノのビームがつくられました。Ｊ—ＰＡＲＣでつくられたミューニュートリノがスーパーカミオカンデでどのように変化したのかを調べた結果、２０１３年にミューニュートリノが電子《でんし》ニュートリノに変化するニュートリノ振動の存在を世界で初めて確かめることに成功したのです。

太陽《たいよう》ニュートリノ問題《もんだい》に取り組む

スーパーカミオカンデでは、大気ニュートリノの異常だけでなく、太陽《たいよう》ニュートリノ問題《もんだい》の解明にも取り組みました。そして、太陽の中心部分からやってくる電子ニュートリノを観測した結果、ミューニュートリノやタウニュートリノに変化するニュートリノ振動が起こっていることがわかってきました。

ただし、太陽ニュートリノのニュートリノ振動の全貌は、スーパーカミオカンデだけで明らかになったのではありません。スーパーカミオカンデのライバルだったカナダ・クイーンズ大学のサドベリー・ニュートリノ研究所（SNO）での観測結果とあわせて考えることで、太陽ニュートリノが、ニュートリノ振動によって減っているように見えたことが証明されたのです（図18）。

スーパーカミオカンデでは、太陽からやってきた電子ニュートリノとミューニュートリノを観測することはできたので、電子ニュートリノの数がニュートリノ振動によって減っていることや、その一部がミューニュートリノに変化していることはわかりましたが、タウニュートリノを観測できないので、タウニュートリノに変化したかどうかは推測するしかありませんでした。

SNOの場合は1000トンの重水《じゅうすい》を使って観測をするため、電子ニュートリノ、ミ

図18 SNOの太陽ニュートリノ観測

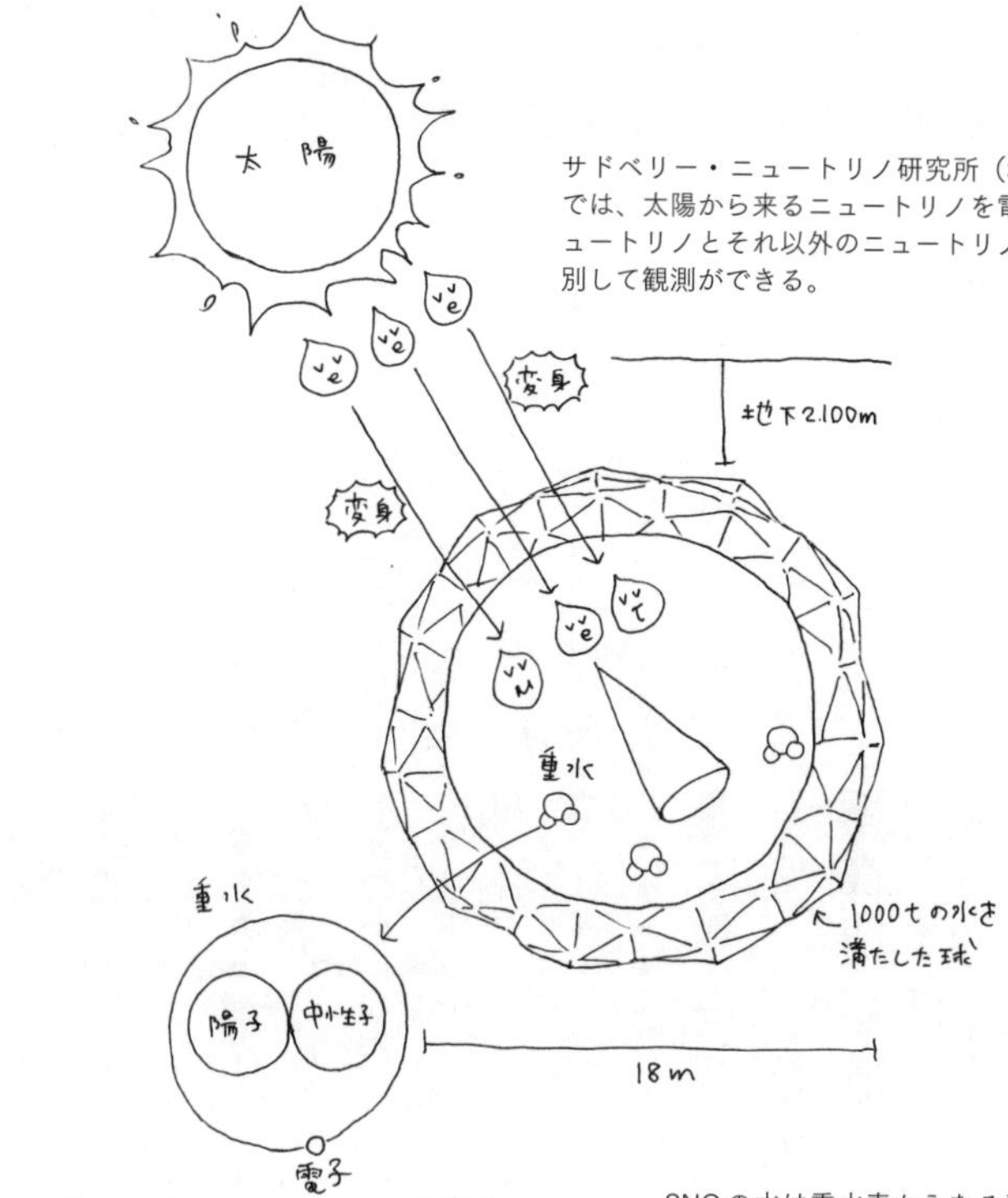

サドベリー・ニュートリノ研究所（SNO）では、太陽から来るニュートリノを電子ニュートリノとそれ以外のニュートリノに区別して観測ができる。

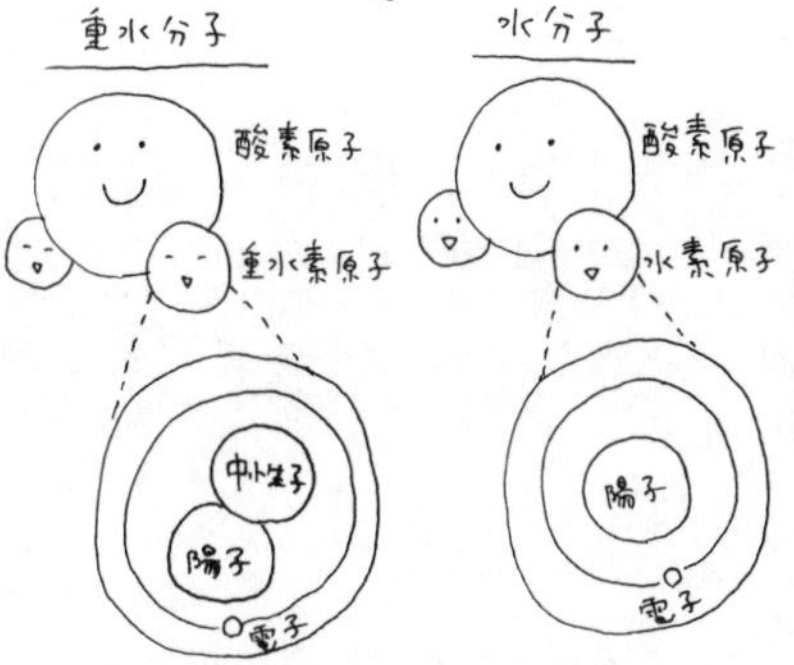

SNOの水は重水素からなる重水。水分子の構成要素である水素原子の原子核は、陽子1個だが、重水は陽子1個に中性子1個が加わった重水素原子になっている。重水とニュートリノの反応は3種類あり、このうち2種類の反応はすべてのニュートリノで起こるが、1種類の反応は、電子ニュートリノでしか起こらない。この3種類の反応の結果を比べることで、太陽からやってきた電子ニュートリノがミューニュートリノやタウニュートリノに変化していることをきちんと証明した。

ミューニュートリノ、タウニュートリノの総数と、電子ニュートリノのみの数を区別して観測することができます。そのため、太陽からやってきた電子ニュートリノが、ューートリノ振動によってミューニュートリノやタウニュートリノになっていることがはっきりとわかったのです。

スーパーカミオカンデの研究グループは、太陽からの電子ニュートリノの観測結果を論文にまとめ、2001年6月18日に論文雑誌で発表したのですが、同じ日にSNOの研究グループも記者会見を開きました。SNOの研究グループは、その記者会見でスーパーカミオカンデの観測データも引用し、スーパーカミオカンデの観測データとSNOの観測データをあわせることで、太陽ニュートリノでもニュートリノ振動が起こっていることを発見したと発表しています。

この記者会見は、おそらくSNOグループがスーパーカミオカンデグループの動きを察知して開いたものだったのでしょう。SNOグループは、翌年の2002年に電子ニュートリノ、ミューニュートリノ、タウニュートリノの観測データをしっかりとそろえた形で太陽ニュートリノ問題について発表をしているので、もともと2002年に発表するつもりで準備をしていたのかもしれません。データを完全にそろえてから発表すれば、自分たちの研究グループの力だけで、太陽ニュートリノの問題を解決したといえるからです。しかし、スーパーカミオカンデグループが観測データを発表するという情報をつかんだことで、不完全なデータでも自分たちの研究結果を公表して、いち早く太陽ニュートリノ問題の発見について発表する決断をしたことがうかがえます。競争の激しい科学の世界では、新しい現象を発見しても、発表するタイミングをまちがえると、ライバルに先を越されてしまうことがよくあります。SNOグループにとっては、苦渋の決断だったのかもしれませんが、2001年に記者会見をしたことで、太陽ニュートリノの欠《けつ》損《そん》問《もん》題《だい》の解決に、スーパーカミオカンデグループも貢献したことがはっきりと示される形になりました。

大《たい》気《き》ニュートリノ異《い》常《じょう》と、太陽ニュートリノ問題はどちらもニュートリノ振動が起こっていることにより生じていました。2015年のノーベル物理学賞は、大気ニュートリノの観測からニュートリノ振動を世界で初めて発見したスーパーカミオカンデグループのまとめ役だった梶《かじ》田《た》隆章《たかあき》博士と、太陽ニュートリノでもニュートリノ振動が起こっていることを示したSNOグループを率いたアーサー・マクドナルド博士に贈られました（**図19**）。実は、スーパーカミオカンデの研究チームには、梶田博士の他に、指導的な役割を果たしていた戸《と》塚《つか》洋《よう》二《じ》博士がいました。戸塚博士は残念ながら2008年に癌で亡くなってしまいましたが、存命であればまちがいなく受賞者の1人に選ばれていたことでしょう。

図19 戸塚洋二博士とアーサー・マクドナルド博士

戸塚洋二博士
小柴博士から引き継ぎ、スーパーカミオカンデの研究を牽引した。

アーサー・マクドナルド博士
SNOでの実験により、梶田隆章博士とともに2015年のノーベル物理学賞を受賞。

カムランドでの電《でん》子《し》ニュートリノ観測

SNOグループによって、太陽ニュートリノ問題はすべて解決したように見えましたが、まだ完全に解決したわけではありませんでした。太陽でつくられた電子ニュートリノで観測されたニュートリノ振動も、別の方法で検証する必要があります。その役割を担ったのが、カムランドという実験施設です（図20）。

カムランドはカミオカンデの跡地につくられたニュートリノの実験施設です。スーパーカミオカンデができたことによってその役目を終えたカミオカンデを、東京大学から東北大学が譲り受けてカムランドが建設されました。

図20 カムランド

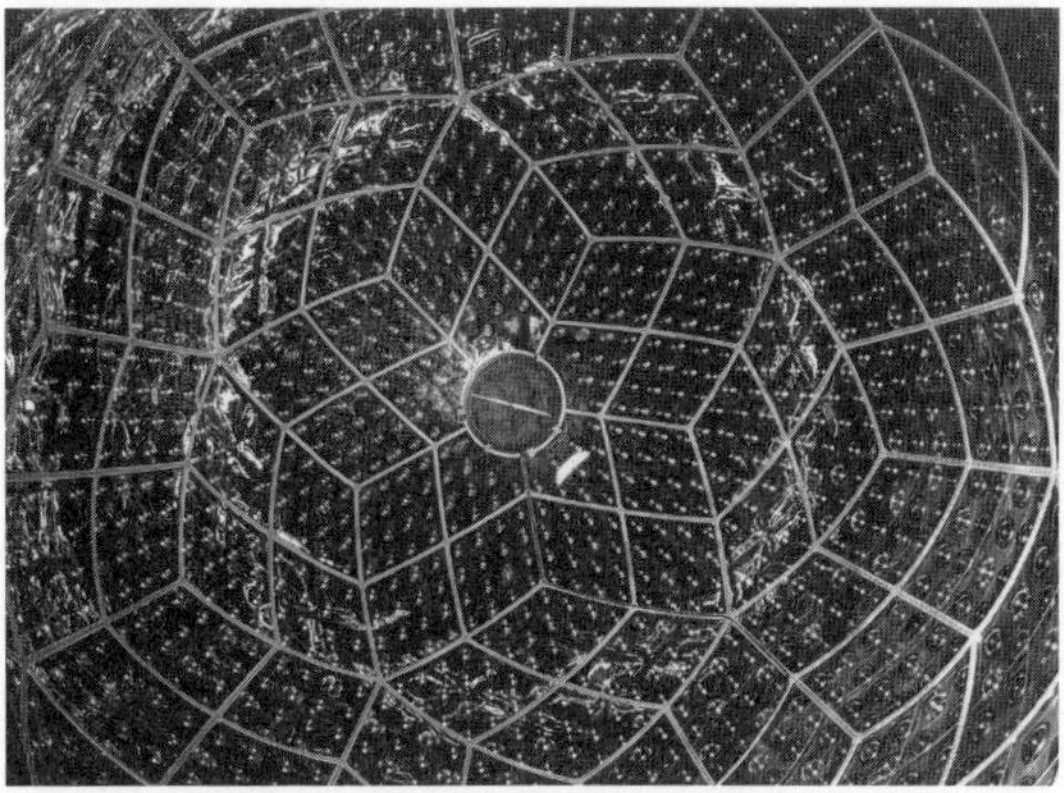

カムランドのタンク内壁に取り付けられた光電子増倍管。

カムランドの構造。

カムランドはカミオカンデの跡地につくられた実験施設。ニュートリノや反ニュートリノなど超微弱な素粒子を検出する。タンク内のバルーンに、大発光特性をもつ液体シンチレーターを充たし、タンク内壁に取り付けた光電子増倍管で検出する。
（提供：東北大学ニュートリノ科学研究センター　2点とも）

カミオカンデやスーパーカミオカンデが円筒形のタンクに水を入れて観測をしているのに対し、カムランドの観測部分は、直径18メートルの球形のタンクです。タンクの内部には、液体シンチレーターという特殊なオイルを1000トンも入れた直径13メートルの透明のバルーンが収められています。そして、そのバルーンを取り囲むようにして、タンクの内壁に1879本の光電子増倍管《こうでんしぞうばいかん》が並べられているのです。

すでに紹介したとおり、ニュートリノは水とぶつかるときにチェレンコフ光を出しますが、液体シンチレーターの場合はニュートリノがぶつかるとシンチレーター光という光を出します。このシンチレーター光の強さはチェレンコフ光《こう》の100倍もあるので、エネルギーの低いニュートリノでもとらえることができるという特徴があります。そのため、ニュートリノの性質をより精密にとらえることができるのです。

カムランド（KamLAND）の正式名称は「神岡液体《かみおかえきたい》シンチレーター反《はん》ニュートリノ検出器《けんしゅつき》」というとても長い名前です（Kamioka Liquid Scintillator Anti-Neutrino Detectorの頭文字）。この名前が示すように、カムランドは電子ニュートリノをとらえるのではなく、電子ニュートリノの反物質《はんぶっしつ》である反電子《はんでんし》ニュートリノをとらえる施設です。

反物質とは、電気の性質が反対になっている以外は、もとの物質とまったく同じ性質をもつ物質のことをいいます（図21）。プラス1の電気をもった陽子の反物質はマイナス1の電気をもった反陽子《はんようし》というように、どの物質にもその物質とペアになる反物

図21 反物質とは?

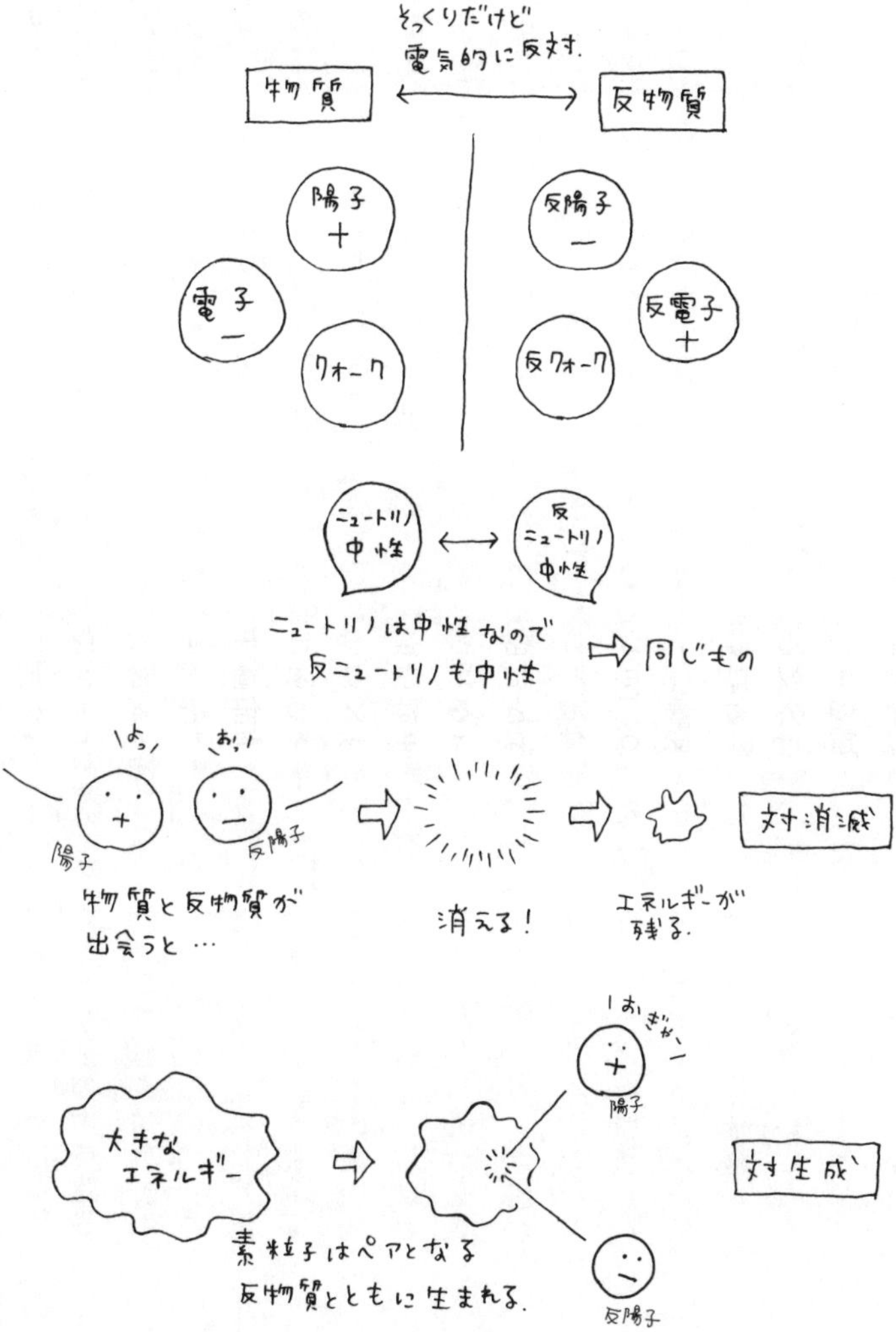
そっくりだけど
電気的に反対。
物質
反物質
陽子
+
電子
−
クォーク
反陽子
−
反電子
+
反クォーク
ニュートリノ
中性
反
ニュートリノ
中性
ニュートリノは中性なので
反ニュートリノも中性
同じもの
よっ
お!
陽子
反陽子
物質と反物質が
出会うと…
消える!
エネルギーが
残る。
対消滅
大きな
エネルギー
おぎゃー
陽子
反陽子
素粒子はペアとなる
反物質とともに生まれる。
対生成

質があります。電子ニュートリノの反物質は反電子ニュートリノになりますが、ニュートリノは電気的に中性なので、電子ニュートリノと反電子ニュートリノの性質は基本的に変わらないと考えられています。もちろん、電子ニュートリノで観測されたニュートリノ振動は、反ニュートリノでも起こります。

カムランドはその性質を利用して、原子力発電所から放出される反電子ニュートリノを観測することで、反電子ニュートリノ振動を検証することにしたのです。カムランドが観測を開始した2002年の時点で、日本では50基以上の原子炉《げんしろ》が稼働していました。しかも、それらの原子炉はカムランドから平均して175キロメートルというとても遠い場所に集中して存在していました。これだけの距離があれば、反電子ニュートリノが他のニュートリノになる、ニュートリノ振動を充分に観測することができます。カムランドには1平方センチあたり1秒間に100万個以上の反電子ニュートリノが原子炉からやってきていたので、それをとらえて理論から予測される反電子ニュートリノの数と比べるのです。この実験は2008年まで続けられました。その結果、原子炉からやってくる反電子ニュートリノは、予想された数の6割程度しか観測されないことがわかり、ニュートリノ振動を起こしていることが確認されました。太陽ニュートリノのニュートリノ振動はいくつかのパターンが考えられましたが、カムランドで得られた実験データを分析したところ、太陽ニュートリノのニュートリノ振動のパターンを確定することができました。これによって、1960年代から議論されてきた太陽ニュートリノ問題は、みごと解き明かされたのです。

反電子《はんでんし》ニュートリノで地球内部を探る

この他にも、カムランドは世界初の快挙を達成しています。地球内部で発生している反電子ニュートリノを観測して、地球内部の断層画像《だんそうがぞう》をつくることに成功したのです（図22）。地球の内部には、ウラン、トリウム、カリウムなどといった放射性元素《ほうしゃせいげんそ》がたくさんあります。それらの元素は常に反ニュートリノを発生させるベータ崩壊《ほうかい》を起こし、エネルギーを発生させていると考えられていましたが、長い間、その詳しい状況はよくわからないままでした。

カムランドはエネルギーの低い反電子ニュートリノをとらえることができるので、地球内部で発生した反電子ニュートリノを観測する計画を立てました。そして、2005年に実際に観測をしてみたところ、地球内部からの反電子ニュートリノを29個とらえることに世界で初めて成功しました。

今まで地球内部の様子を調べるには、地震波《じしんは》の伝わり方を調べたり、宇宙からやっ

図22 反電子ニュートリノで得た地球内部の断層画像

カムランドが観測した反ニュートリノのエネルギー分布。地球内部のウランやトリウムなどがベータ崩壊して出る反ニュートリノをカムランドで観測。検出された反ニュートリノ（左の半球上）は地球物理学から予想される値と一致した。
（提供：東北大学ニュートリノ科学研究センター）

てくる隕石《いんせき》などを分析したりするしかありませんでした。ただ、そのどちらも、間接的な方法で、地球内部の物質などを直接調べるわけではありません。しかし、カムランドがとらえた反電子ニュートリノは、地球内部の様子を直接的に教えてくれるものです。この観測結果から地球内部の様子を示した断層画像がつくられ、有名な科学雑誌「ネイチャー」の表紙も飾りました。

その後、カムランドでは地球内部からの反電子ニュートリノの観測が続けられ、地球内部から放出される熱エネルギーの約半分は、放射性物質《ほうしゃせいぶっしつ》がベータ崩壊することによってつくり出されるものであることが確認されました。カムランドは、かつてカミオカンデが超新星《ちょうしんせい》からのニュートリノを観測することによって「ニュートリノ天文学《てんもんがく》」

という新しい学問分野を切り開いたのと同じように、地球内部からの反電子ニュートリノを観測することによって、「ニュートリノ地球物理学《ちきゅうぶつりがく》」という新しい分野を開拓したのです。地球内部からの反電子ニュートリノをより精密に観測することができるようになれば、より精密な断層画像をつくることができます。そうすれば、地球の進化や内部の活動についてより詳しい情報を得ることができると期待されています。

まだ残るニュートリノの謎

ニュートリノはとても不思議な素粒子《そりゅうし》です。ニュートリノに質量があるのがわかったことで、標準模型の見直しを迫られたことは、すでにお話ししたとおりですが、実は、ニュートリノにはまだまだたくさんの謎が残されているのです。

ニュートリノ振動の発見によって、ニュートリノに質量があることはわかりました。しかし今度は、その質量が問題になっています。ニュートリノは、クォークや電子などと同じフェルミオンの仲間に分類されていますが、質量を比べてみるとニュートリノの軽さが突出していることがわかります。ニュートリノの質量は、それまでとても軽いと思われていた電子の100万分の1くらいしかないのです。

なぜ、ニュートリノはこれほど軽い素粒子なのでしょうか。この問題を考えるには、ニュートリノがもっている、もう1つの奇妙な特徴を知る必要があります。それは、ニュートリノのスピンが左巻《ひだりま》きしかない、というものです。「スピン」というのは、素粒子の性質の1つで、素粒子の自転《じてん》のようなものです（図23）。

素粒子はコマのようにクルクルと回転しながら進んでいます。この回転が進行方向に対して時計回りだったら右巻《みぎま》き、反時計回りだったら左巻きとなります。ニュートリノ以外のフェルミオンの仲間は、右巻きと左巻きの両方が観測されています。でも、ニュートリノだけはスピンが左巻きのものしか観測されていないのです。

実は、左巻きのニュートリノしか観測することができないという実験結果が、標準《ひょうじゅん》模型《もけい》で「ニュートリノに質量《しつりょう》がない」とした根拠だったのです。

たとえば、ある素粒子を追いかけていたとき、その素粒子が左巻きのスピンをもっていたとします。その素粒子を追い抜いて反対側から見ると右巻きに見えます。この宇宙の中で一番速いものは光です。質量をもつものはどんなにがんばっても光の速さで飛ぶことはできません。必ず、光に追い抜かされて反対側から見ることができます。そのため、質量をもつ素粒子は必ず、右巻きと左巻きのものが存在することになるのです。

しかし、ニュートリノは左巻きのものしか観測することができませんでした。左巻きのものしか観測できないということは、光で追い抜かされて反対側から見られる瞬間がない、ということを意味しています。つまり、スピンの性質を調べる限りでは、ニ

図23 ニュートリノのスピン

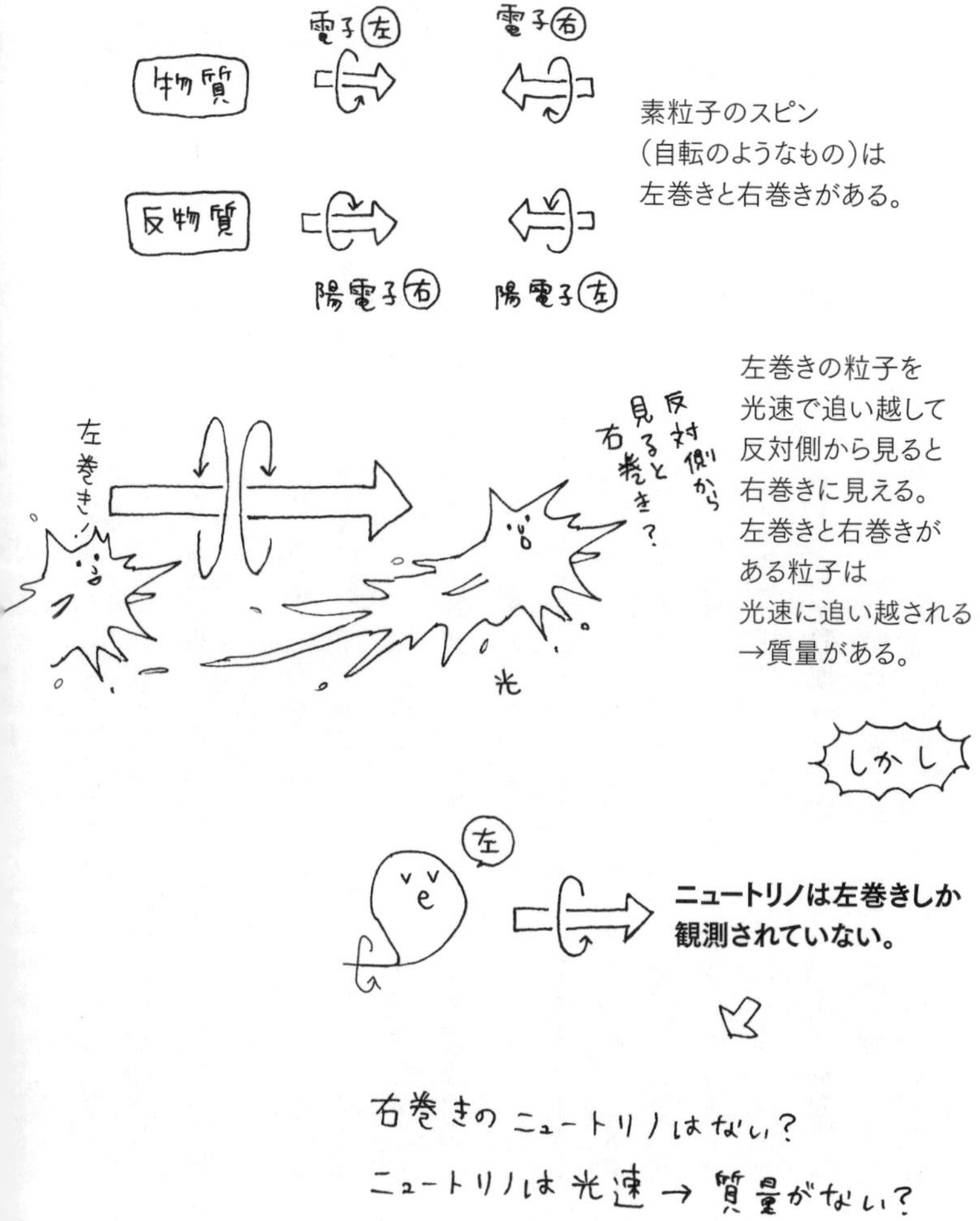

素粒子のスピン
(自転のようなもの)は
左巻きと右巻きがある。

左巻きの粒子を
光速で追い越して
反対側から見ると
右巻きに見える。
左巻きと右巻きが
ある粒子は
光速に追い越される
→質量がある。

ュートリノは光速《こうそく》で移動しているといえるので、質量がないと思われていたのです。ちなみに、ニュートリノの反物質である反ニュートリノは右巻きのものしか観測されていません。このことも、ニュートリノに質量がないという考えを後押ししていました。ところが、ニュートリノ振動が発見されたことにより、ニュートリノに質量があることがはっきりしました。わずかでも質量がある素粒子は、光に追い越されることになるので、右巻きと左巻きの両方が観測されるはずです。それなのに、これまで左巻きのニュートリノしか観測されていないのです。この謎はどうすれば解けるのでしょうか。

ここで、素粒子とスピンの関係を整理してみましょう。質量をもつ素粒子とその反物質にあたる反粒子は、それぞれ、右巻きと左巻きのスピンをもつものが観測されています。たとえば電子とその反物質である陽電子《ようでんし》には、それぞれ、右巻きと左巻きのものが観測されています。スピンの向きも合わせて考えると、考えられる物質と反物質は4種類になります。でも、ニュートリノと反ニュートリノの場合は、左巻きのニュートリノと右巻きの反ニュートリノしか発見されていません。右巻きのニュートリノと左巻きの反ニュートリノはどこにも見あたらないのです。

実は、この謎を解く仮説がすでに考えられています。その仮説によると、右巻きのニュートリノと左巻きの反ニュートリノはものすごく重いのでつくることがむずかしいのではないかというものです。これは「シーソー機構《きこう》」（図24）というもので、柳田《やなぎだ》勉《つとむ》博士によって考えられたものです。

シーソー機構では、右巻きのニュートリノを極端に重い粒子にすると、シーソーが傾くように、もう一方の左巻きのニュートリノがとても軽くなってもよいことになります。なぜ、右巻きのニュートリノが極端に重くなると、左巻きのニュートリノが軽くなるのかというのは、素粒子が質量を得る「ヒッグス機構《きこう》」によって説明できます。

素粒子の標準理論では、もともとすべての素粒子は質量がないと考えられていました。でも、クォークや電子をはじめ、実際には質量をもっている素粒子がたくさんあります。その矛盾を解消するために考えられたのが、ヒッグス粒子《りゅうし》です。そして、素粒子が質量をもつときに重要になるのが、右巻きと左巻きのペアです。

素粒子がヒッグス粒子によって質量をもつしくみは、次のように考えられています。もともと質量をもたない素粒子は、光の速さで移動することができましたが、あるとき、ヒッグス粒子の性質が変わってしまったことで、ヒッグス粒子に邪魔されるようになります。素粒子はヒッグス粒子に邪魔されることで、光の速さで移動することができなくなるために質量をもつようにふるまうのです。実は、標準模型でヒッグス粒子に動きを邪魔されるのは、右巻きの素粒子のみで、左巻きの素粒子は邪魔されずに光の速さで通り抜けていくことができます。右巻きと左巻きが両方ある場合は、左巻きの素粒子がヒッグス粒子にぶつかると、右巻きの素粒子に変化します。すると、

図24 シーソー機構

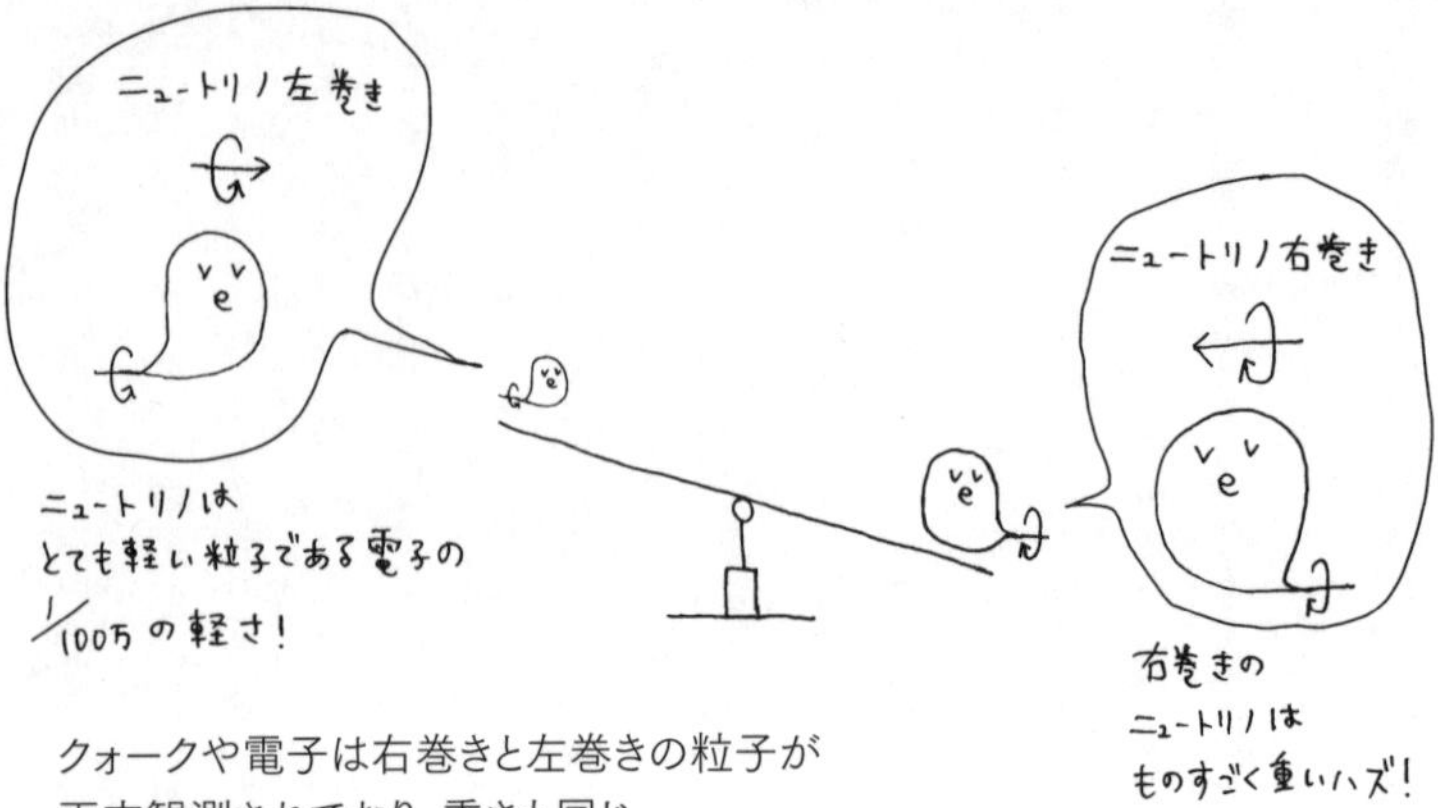

クォークや電子は右巻きと左巻きの粒子が
両方観測されており、重さも同じ。
それに対して、ニュートリノはとても軽い左巻き粒子と、
とても重い右巻き粒子がシーソーのようにバランスをとるのでは?

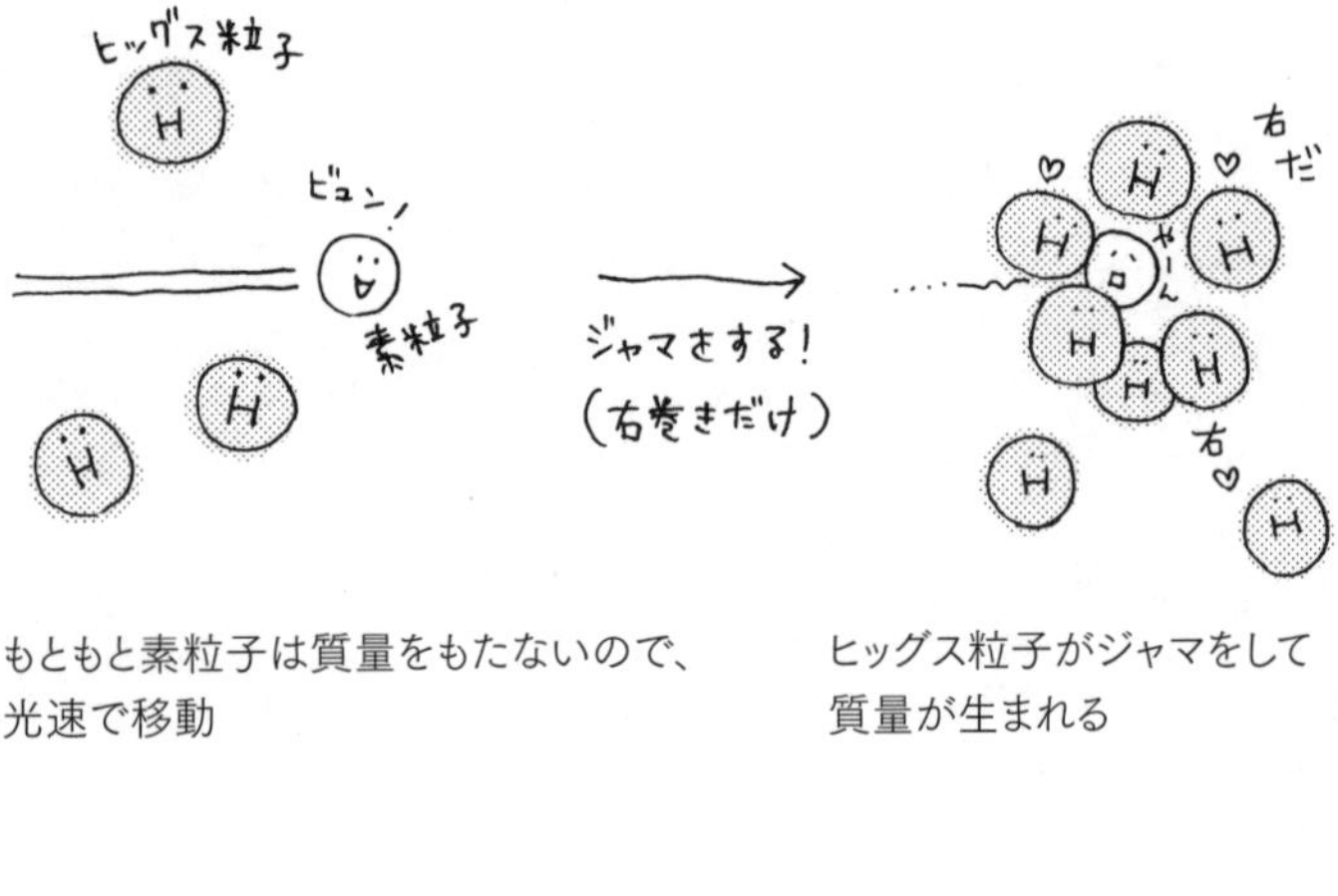

もともと素粒子は質量をもたないので、
光速で移動

ヒッグス粒子がジャマをして
質量が生まれる

右巻きの素粒子はヒッグス粒子に動きを邪魔されるので質量をもつことになります。ニュートリノの場合も、右巻きのものと左巻きのものが両方あるはずなので、左巻きの素粒子がヒッグス粒子とぶつかると右巻きのニュートリノができます。ただし、左巻きのニュートリノはとても軽いのに対して、右巻きのニュートリノは極端に重い粒子であると考えられているので、もともと左巻きのニュートリノがもっていたエネルギーだけでは、なかなかつくることができません。右巻きのニュートリノがつくれないということは、存在しないのと同じことになるので、左巻きのニュートリノはヒッグス粒子からあまり邪魔を受けなくなります。そのため、左巻きのニュートリノはとても軽くなることができるというわけです。

ニュートリノと反《はん》ニュートリノは同じもの？

シーソー機構では、左巻きのニュートリノと右巻きの反ニュートリノがとても軽く、右巻きのニュートリノと左巻きの反ニュートリノがとても重いということを想定していました。このしくみがうまく働くには前提が1つあります。それは、ニュートリノと反ニュートリノが同じものであるということです。

素粒子とその反物質は、電気的性質《でんきてきせいしつ》が逆になるので同じものになることはまずありません。でも、ニュートリノは電気的に中性《ちゅうせい》なので、反物質である反ニュートリノと同じものであっても問題がないことになります。このような粒子のことを「マヨラナ粒子《りゅうし》」といいます。ニュートリノがマヨラナ粒子であれば、この宇宙から反物質が消滅してしまった謎を解き明かすことができるかもしれません。

素粒子の世界を研究していくと、素粒子はいつもペアとなる反物質（反粒子《はんりゅうし》）と共に生成して、反粒子と出会うことで消滅します。これを「対生成《ついせいせい》」、「対消滅《ついしょうめつ》」といいます。素粒子と反粒子が必ず対生成をするということは、この宇宙が誕生してから今までの間で、素粒子と反粒子は必ず同じ数だけ生まれたことになります。そして、素粒子と反粒子が対消滅するということは、同じ数だけ消滅してきたことを意味します。

ということは、この宇宙は本来であれば、ただ大きなエネルギーだけがあり、そこから素粒子と反粒子が対生成したり、対消滅するような世界になっていないとおかしいことになります。しかし、現在の宇宙はどうでしょう。人間の体や地球、太陽、たくさんの恒星《こうせい》、銀河など、私たちのまわりには素粒子でできたたくさんの物質がありますが、反粒子や反物質はほとんど存在しません。

でも、ニュートリノがマヨラナ粒子であれば、ニュートリノと反ニュートリノは同じものなので、入れ替わっても問題ないことになります。それを確かめる実験がカムランドで進められています。それが「カムランド禅実験《ぜんじっけん》」（図25）です。この実験で観測するのは、「ニュートリノを伴《ともな》わない二重《にじゅう》ベータ崩壊」という現象です。禅（ZEN）という名前は、この現象を意味する英語「ZEro Neutrino double beta decay」の頭文字を取って命名されています。

宇宙にはなぜ物質があるか解明できる？

放射性元素《ほうしゃせいげんそ》では、中性子《ちゅうせいし》がベータ線《せん》を放出して陽子に変化するベータ崩壊が発生します。パウリは、このベータ崩壊のときにニュートリノも発生すると考えたのですが、厳密にいえばこのとき発生するのは反ニュートリノです。原子核《げんしかく》が大きくなると、まれに1つの原子核の中で2つの中性子が同時にベータ崩壊を起こす二重ベータ崩壊を起こすことがあります。普通の二重ベータ崩壊は、電子と反ニュートリノが2つずつ発生します。でも、カムランド禅実験で観測しようとしているのは、電子が2個しか発生しない特別なベータ崩壊です。反ニュートリノが発生しないので、「ニュートリノを伴わない二重ベータ崩壊」といっています。

ニュートリノがマヨラナ粒子であれば、ニュートリノと反ニュートリノは同じものになるので、2つのニュートリノや2つの反ニュートリノが出会っても、対消滅を起こすはずです。そのような現象が起これば二重ベータ崩壊が起こっても、発生するの

図25 カムランド禅実験

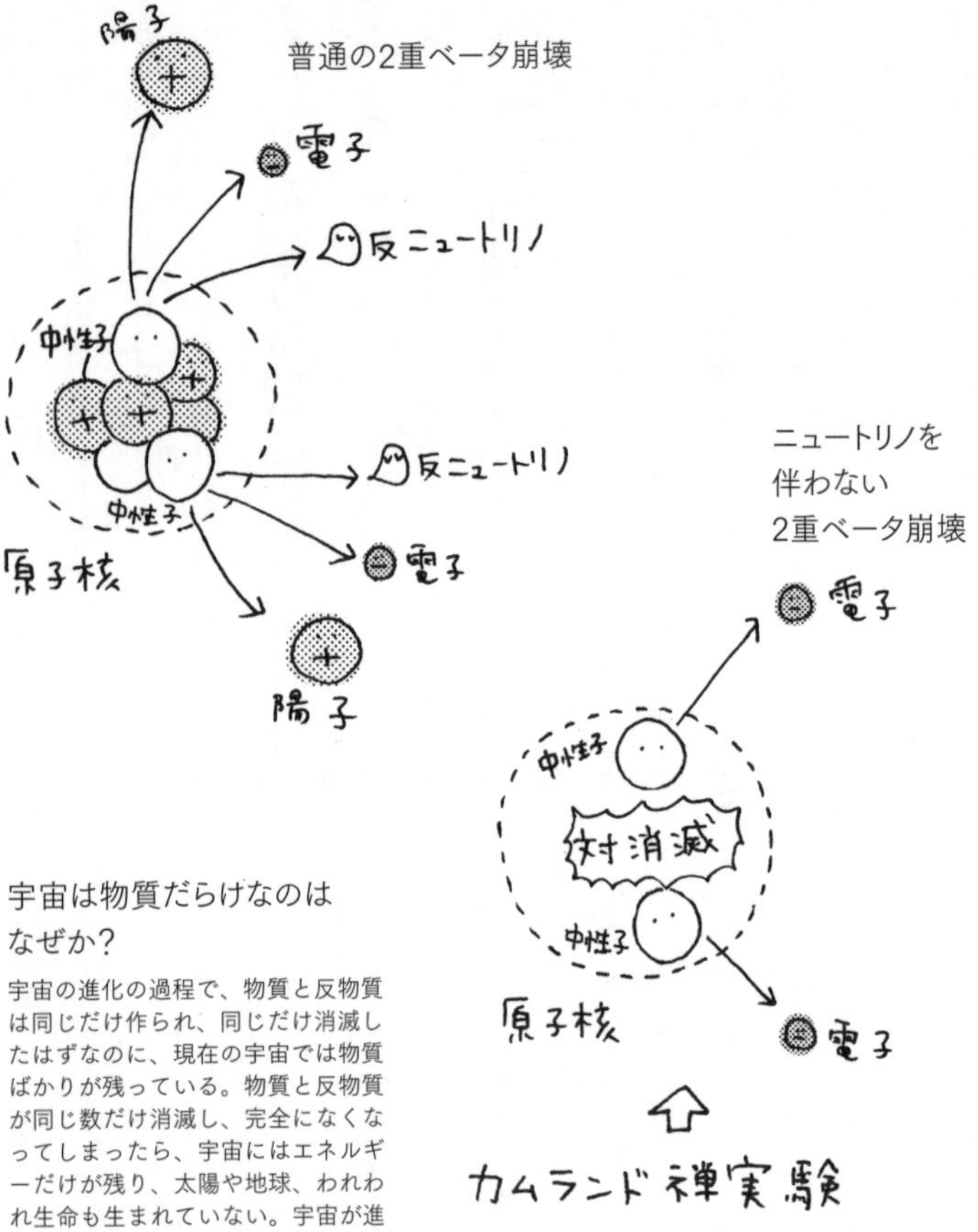

宇宙は物質だらけなのはなぜか？

宇宙の進化の過程で、物質と反物質は同じだけ作られ、同じだけ消滅したはずなのに、現在の宇宙では物質ばかりが残っている。物質と反物質が同じ数だけ消滅し、完全になくなってしまったら、宇宙にはエネルギーだけが残り、太陽や地球、われわれ生命も生まれていない。宇宙が進化する過程で物質と反物質のバランスの変化が、物質にあふれた宇宙を生んだのかもしれない。

は電子2つだけになります。カムランド禅実験では、300キログラムもの大量のキセノンを溶かし込んだ液体シンチレーターを使って、2つの反ニュートリノが対消滅する「ニュートリノを伴わない二重ベータ崩壊」を観測しようとしているのです。

この現象の探索は、世界中でいくつかのグループがチャレンジしています。それらのグループと比べても、カムランド禅実験は世界最大規模、世界最高感度の実験となっています。ですから、目的の二重ベータ崩壊の証拠を世界で最初にとらえることができるのではないかと期待されています。

ニュートリノがマヨラナ粒子であれば、右巻きの重いニュートリノが存在してもよいことになります。右巻きのニュートリノは他の素粒子と比べてもとても重いものなので、つくられたとしたら宇宙全体のエネルギーが高かった宇宙初期の時代です。宇宙初期に右巻きの重いニュートリノが存在することで、ニュートリノと反ニュートリノの数にずれを生じさせる可能性があります。そして、そのずれがクォークに伝わって、クォークと反クォークの数がずれ、物質が多い宇宙につながるという理論もあります。

第4世代目のニュートリノ「ステライルニュートリノ」

また、ニュートリノは質量の存在以外にも、標準模型を大きく変えてしまう可能性を秘めています。実は第4世代目のニュートリノがあるのではないかといわれているのです。標準模型ではフェルミオンは3世代に分かれていましたが、3世代でなければいけない理由はありません。原子炉からのニュートリノ観測、加速器実験、宇宙観測などの実験結果から、4世代目のニュートリノである「ステライルニュートリノ」が存在する可能性がささやかれるようになりました。

ステライルニュートリノは、今まで知られている3世代のニュートリノよりも反応性が低く、世界中の物理学者が、その存在を直接確かめる方法を探しています。たくさん提案されているアイデアの中で、一番有望視されているのがカムランドでの観測だといいます。

カムランドは感度のよい液体《えきたい》シンチレーターを使っているのに加え、装置の規模が大きいので、極端に反応性の低いステライルニュートリノでも、とらえることができるのではないかと考えられています。ステライルニュートリノは、短い距離で特有の振動現象を起こすので、それをとらえることが期待されています。

もし、4世代目のステライルニュートリノの存在が確かめられれば、電子の仲間やクォークの仲間にも4世代目があってもよいことになりますし、世界中でそれらの新しい素粒子の探索競争がはじまることでしょう。そうなれば、素粒子の標準模型は、現在の形から大きく変わることになります。

第4章

ニュートリノで解き明かす新しい宇宙

ハイパーカミオカンデの建設計画

スーパーカミオカンデやカムランドといった実験施設によって、ニュートリノの性質はだんだん明らかになってきました。しかし、ニュートリノには、まだまだわからないことがたくさんあります。そして、それらの性質を解き明かすことが、標準模型《ひょうじゅんもけい》を超えた新しい理論をつくる足がかりになると考えられています。

ニュートリノの性質をより詳しく調べていくためには、よりたくさんのニュートリノを観測しなければなりません。そのために、スーパーカミオカンデに続く新しい実験施設の建設が計画されています。その名もハイパーカミオカンデ（図26）です。ハイパーカミオカンデはタンクの中に26万トンの水を貯めることができます。このうち、実験で有効になる質量は19万トンで、スーパーカミオカンデの有効質量の約10倍になります。

ニュートリノの観測では、観測対象の物質を多くすればするほど、ニュートリノにぶつかる確率が高くなり、たくさんの反応をとらえることができます。実験に有効な水の質量が10倍になるということは、それだけでハイパーカミオカンデの性能はスーパーカミオカンデの10倍になることを意味します。

また、タンクが大きくなった分だけ光電子増倍管《こうでんしぞうばいかん》の数も増えます。ハイパーカミオ

図26 ハイパーカミオカンデ

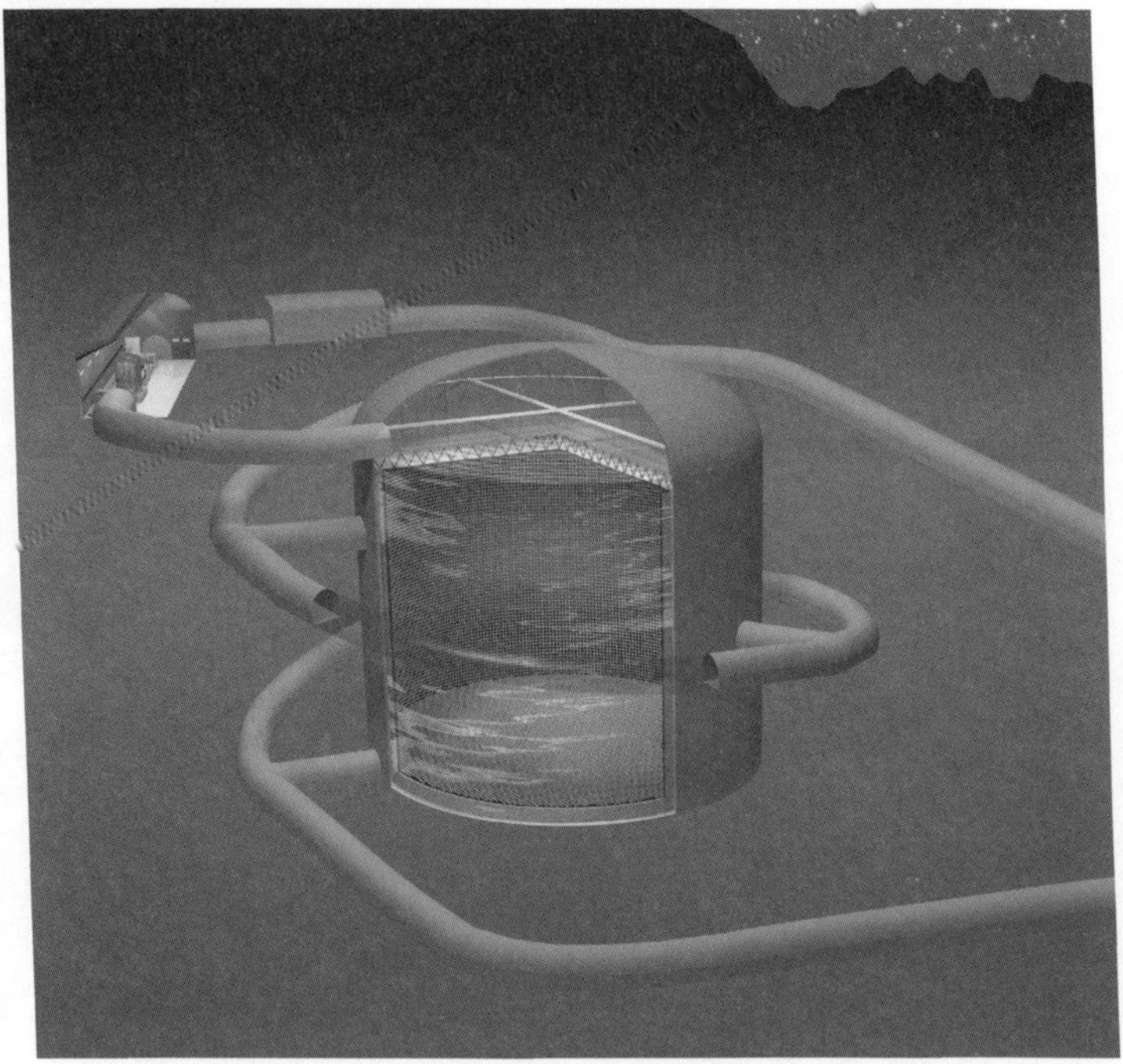

2026年に実験開始が予定されているハイパーカミオカンデ。スーパーカミオカンデの約10倍の規模の実験施設で、直径74メートル、高さ60メートルのタンクに26万トンの水を貯める。タンクの内壁にはスーパーカミオカンデの2倍の感度を誇る光電子増倍管を4万本配置し、感度をさらに上げる。CP対称性の破れや陽子崩壊の発見など、ニュートリノ研究における新たな発見が期待されている。
（提供：ハイパーカミオカンデ研究グループ）

カンデでは4万個の光電子増倍管が取りつけられることになっています。この光電子増倍管の技術開発も進んでいて、より弱いチェレンコフ光《こう》をとらえることができるように高感度化しています。そのため、これまでの実験で明らかにできなかった謎を解くことができるのではないかと期待されています。

CP対称性《たいしょうせい》の破《やぶ》れの発見

ハイパーカミオカンデでの実験で、まず期待されているのは、ニュートリノのCP対称性《たいしょうせい》の破《やぶ》れの発見です。物理学では、ある変化を加えても物質や力の性質などが変わらないことを「対称性がある」と表現します。対称性にはいろいろありますが、素《そ》粒子《りゅうし》の世界で重要なのが、C（Charge：電荷《でんか》）、P（Parity：パリティ）、T（Time：時間）の3つの対称性です。C対称性は、素粒子とそのペアになる反《はん》粒子《りゅうし》を入れ替えるような対称性、P対称性は鏡の前に立つと左右が反転するような鏡《きょう》像《ぞう》変換の対称性、Tは時間の進む方向を逆にするような対称性を指しています。

CP対称性というのは、CとPの要素を一気にひっくり返しても物理法則が変わらないことを意味しています（図27）。素粒子が生まれるときは、必ずペアになる反粒子が誕生する対生成が起こりますが、これはC対称性が保たれているということです。

図27 CP対称性の破れ

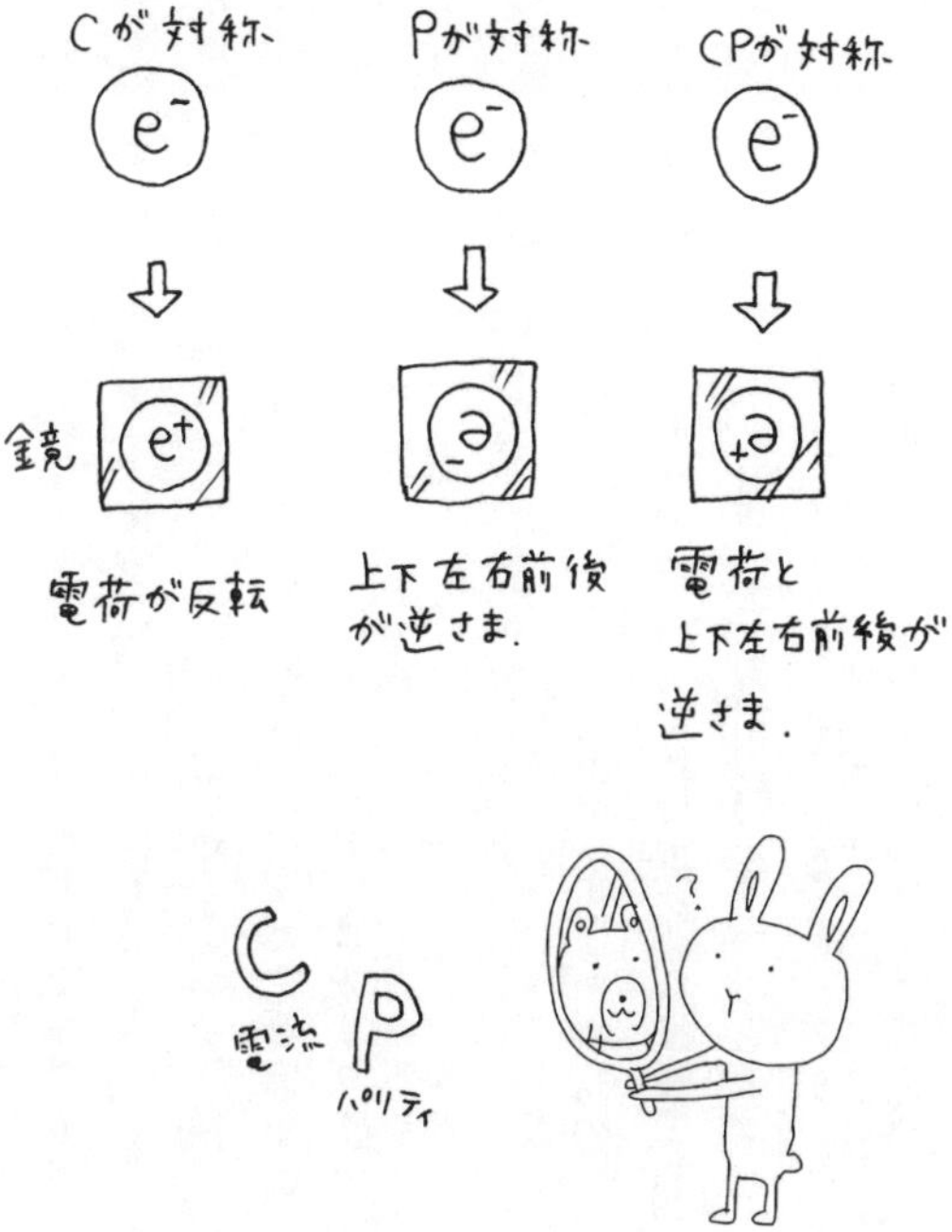

物質ができるときに
CP対称性が
保たれていれば
CとPが逆になった
粒子も生まれるが、
ときどき対称が
保たれていない
粒子がある。

CP対称性の破れ！

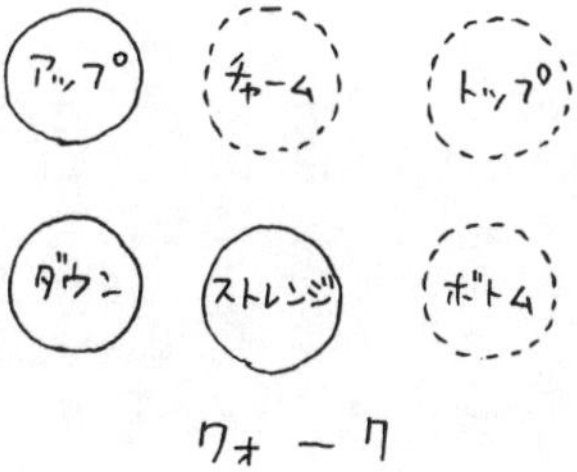

小林・益川理論

クオークが3つだと
CP対称性の破れは起こらないが、
クオークが6種類なら
選択肢が複雑になり、
CP対称性が破れることを
合理的に説明できる。

しかし、このCP対称性が成り立たない状態のことをCP対称性の破れといいます。もともと、素粒子の世界ではCP対称性が成り立っていると思われていたのですが、1964年にCP対称性が破られている現象が見つかってしまいます。この現象は、1000回に1回の割合でしか現れないというとても珍しいものだったのですが、それでもCP対称性が破られていたということで、物理学者たちにとっては大問題でした。

物理学者は、自然界の秩序をなるべくシンプルな形で説明したいと考えています。そのためには、CP対称性が保存されていた方がよかったのですが、実際にはそうなってはいませんでした。つまり、理論と実験結果の間に矛盾が起きてしまったのです。この矛盾を解消したのが小林誠《こばやしまこと》博士と益川敏英《ますかわとしひで》博士の2人でした。

2人が1973年に提案した小林・益川理論は、クォークが3世代6種類存在すれば、CP対称性の破れをうまく説明することができるというものでした。この当時は、クォークは3種類しか発見されていなかったので、6種類あると仮定した理論はあまり受け入れられませんでした。しかし、その後の実験によってクォークは6種類あることが確認され、CP対称性が破られていることも証明されました。そして、小林博士と益川博士は、素粒子物理学の基礎づくりに貢献した南部陽一郎《なんぶよういちろう》博士とともに2008年にノーベル物理学賞を受賞しました。

このCP対称性の破れは、この宇宙から反物質《はんぶっしつ》が消えてしまった謎を解き明かすことができるのではないかと期待されています。CP対称性が破られていることによって、粒子《りゅうし》（物質）と反粒子（反物質《はんぶっしつ》）の間に微妙な違いが生じ、反物質だけが消えてしまった理由が説明できるようになるかもしれないからです。

小林・益川理論が明らかにしたCP対称性の破れはクォークに関するものでした。クォークでは確かにCP対称性の破れが起こっていることが確かめられましたし、それによって反物質が消えた謎を説明する足がかりもできたのですが、まだ充分ではありません。クォークのCP対称性の破れで説明できるのは、宇宙から反物質が消えた理由の100億分の1くらいだけといわれています。反物質が消えてしまった理由をしっかりと説明するためには、他の素粒子でもCP対称性が破れていることが示される必要があります。

そこで注目されているのがニュートリノです。ニュートリノはフェルミオンの中でもっとも数の多い素粒子で、クォークの100億倍存在すると考えられています。もし、ニュートリノにCP対称性の破れが見つかれば、反物質が消えた道筋がわかるかもしれません。小林・益川理論では、クォークが3世代6種類あればCP対称性の破れがあるということを示しました。ニュートリノも3世代存在するので、CP対称性の破れが起こっていてもおかしくはないのです。

ニュートリノのCP対称性の破れを検証するために、東海村《とうかいむら》のJ–PARCからスーパーカミオカンデに向けてニュートリノを発射するT2K実験では、2014年5月から反ミューニュートリノを発生させています。ニュートリノでCP対称性の破れが起こっていれば、ニュートリノと反ニュートリノでは、ニュートリノ振動《しんどう》の様子に微妙な違いが生じます。その違いをとらえることでニュートリノのCP対称性の破れがあるかどうかを判定しようとしているのです。

CP対称性の破れを見つけるには、ミューニュートリノと反ミューニュートリノをたくさん飛ばして、それぞれの粒子の振動パターンを精密に測定し、比べる必要があります。そのためにも、より規模の大きなハイパーカミオカンデが必要になるのです。

ニュートリノから新たにわかること

さらに、ハイパーカミオカンデでは、3種類のニュートリノの詳しい質量を決定するための観測も予定されています。ニュートリノ振動が発見されたことによって3種類のニュートリノに質量があり、それぞれの質量に差があることはわかりました。しかし、詳しい質量の値はよくわかっていません。

ニュートリノ以外のフェルミオンは、世代が大きくなるごとに質量も大きくなっていますが、ニュートリノの場合、そうなっていない可能性も残されています。ニュートリノの質量が詳しくわかれば、ニュートリノがマヨラナ粒子《りゅうし》かどうかを知るための手がかりとなったり、ニュートリノのCP対称性の破れの測定にも役立つと考えられています。

その他、宇宙からやってくるさまざまなニュートリノをより精密に測定することによって、星の進化や宇宙の進化などについて新しい情報が得られるのではないかということも期待されています。

また、ハイパーカミオカンデのような超巨大施設で観測をすることで、思わぬものが発見される可能性もあるのです。それは、ダークマター（図28）からのニュートリノです。観測技術が発達してきたおかげで、この宇宙がどのようなもので構成されているのかが少しずつわかってきました。それによると、原子《げんし》によってつくられている普通の物質は、この宇宙のたった4・9パーセントを占めるだけで、26・8パーセントがダークマター、68・3パーセントがダークエネルギーとなっていました。

このダークマターとダークエネルギーの「ダーク」という言葉は、単に暗いという意味ではありません。正体不明のよくわからないものという意味です。つまり、ダークマター、ダークエネルギーという名前はついているものの、その正体はまったくわかっていないのです。では、正体がわかっていないのに、なぜ、ダークマターとダー

図28 ダークマターとダークエネルギー

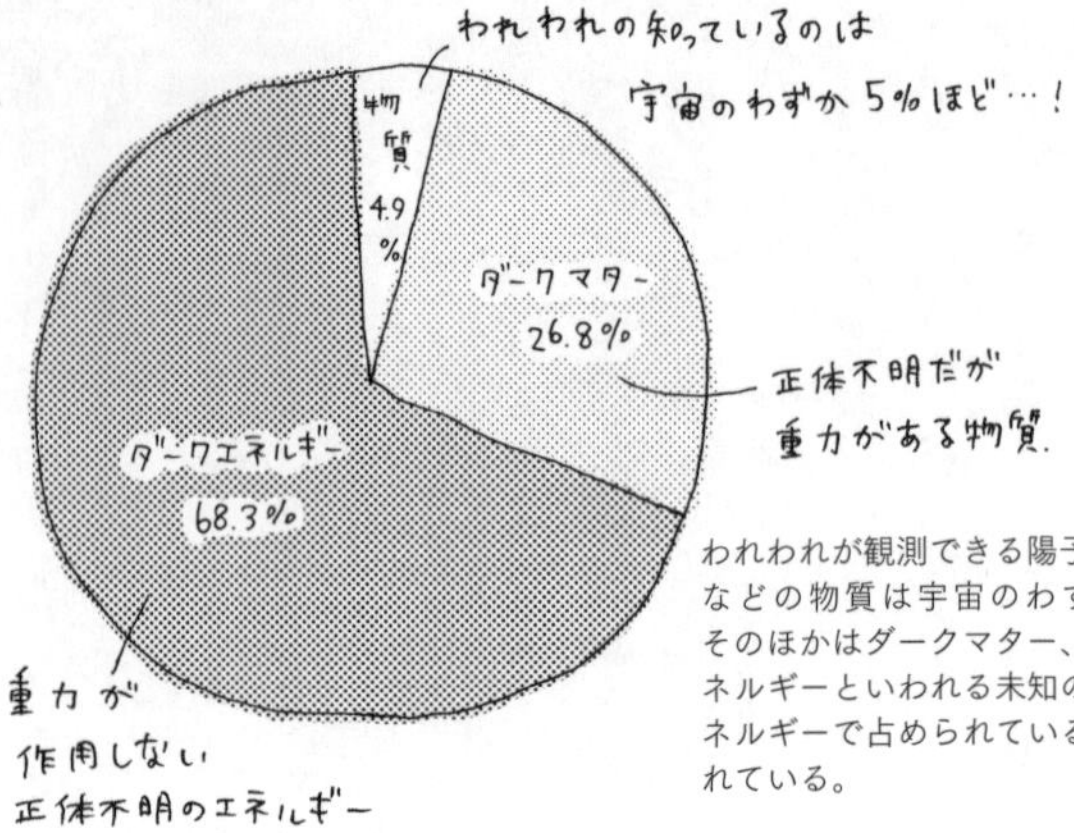

われわれが観測できる陽子や中性子などの物質は宇宙のわずか4.9%。そのほかはダークマター、ダークエネルギーといわれる未知の物質とエネルギーで占められていると考えられている。

クエネルギーに分けることができるのでしょうか。ダークマターの「マター」とは物質という意味です。つまり、ダークマターは、正体不明だけれども、物質のように重力のあるものとなります。そして、ダークエネルギーは重力などが作用しないエネルギーであるとみられています。

ダークマターは、何らかの物質であると考えられているものの、普通の原子ではできていません。私たちの目で見ることができないのはもちろん、赤外線《せきがいせん》やX線《せん》といった他の波長の電磁波《でんじは》でとらえることもできません。そして、他の物質とぶつかっても何もなかったかのように通り抜けてしまうのです。

正体不明のダークマターも、最近は宇宙のどこにあるのかということは突き止められるようになってきて、宇宙の中でのダークマターの分布図《ぶんぷず》などもつくられています。ダークマターは銀河の中心や、太陽や地球の中心部分にも蓄積されていると考えられています。すると、ダークマターの蓄積されている場所ではダークマター同士がぶつかって消滅し、ニュートリノが発生するのではないかと考えられています。超巨大な観測施設であるハイパーカミオカンデであれば、ダークマターからつくられたニュートリノもとらえることも夢ではないといいます。

２０１５年1月には、日本、アメリカ、イギリスなど13か国の研究機関が参加するハイパーカミオカンデ国際共同研究グループが正式に発足しました。ハイパーカミオカンデの建設費は約７００億円と見こまれており、カミオカンデやスーパーカミオカンデと同じ神岡鉱山《かみおかこうざん》に建設される予定です。計画が順調に進めば２０１８年には工事を開始し、２０２6年から観測がスタートします。ハイパーカミオカンデの登場で、どのようなことが明らかになるのか、今から楽しみです。

COLUMUN

ニュートリノを1300kmも飛ばす新たな実験

ニュートリノの性質を詳しく調べようとすると、実験装置はどんどん大型化します。日本ではスーパーカミオカンデを大型化するハイパーカミオカンデの計画が進んでいることはすでにお話ししましたが、実は、アメリカでも「DUNE実験」という大型のニュートリノ実験が計画されています。

この実験は、イリノイ州にあるフェルミ加速器研究所でニュートリノビームを発射し、1300km先にあるサウスダコタ州のサンフォード地下研究施設で観測するという壮大なもので、実現すれば世界最長のニュートリノ実験となります。日本で実施されているT2K実験は全長295kmなので、DUNE実験の規模の大きさがわかります。

ニュートリノは飛行する間に、別の種類のニュートリノに変化するニュートリノ振動を起こします。DUNE実験で、1300km飛行する間にニュートリノがどのように変化するのかを調べることで、ニュートリノの質量についての情報が得られます。

梶田博士らの研究のおかげで、ニュートリノに質量があることはわかりましたが、詳しいことはまだわかっていません。DUNE実験でニュートリノ振動を観測することで、電子、ミュー、タウの3種類のニュートリノがどの順で重いのかがわかると考えられています。この情報は、ニュートリノが質量をもつしくみやこの宇宙で反物質がほとんどない理由などを探る手がかりになります。たくさんの物理学者が、2020年代中に予定されている実験開始を今から心待ちにしています。

第5章

重力《じゅうりょく》波《は》観測《かんそく》で明らかになる宇宙

梶田《かじた》博士の新しいプロジェクト

スーパーカミオカンデでニュートリノ振動《しんどう》の発見に貢献した梶田《かじた》博士は、現在、新しいプロジェクトに取り組んでいます。それが重力波《じゅうりょくは》（図29）の観測です。

重力波とは、時空のゆがみが波のようにつたわる現象のことで、20世紀を代表する偉大な科学者であるアルバート・アインシュタインが1916年に、一般相対性理論《いっぱんそうたいせいりろん》からその存在を予言しました。重力は質量をもつ物体の周りに生まれます。アインシュタインは、一般相対性理論において、質量をもった物体が時空に存在することで、その周りの時空をゆがめることを示しました。

質量が大きくなればなるほど、時空は大きくゆがみます。そして、時空のゆがみが大きくなると、その周りにある物質や光などを引き寄せる働きをします。一般相対性理論によると、重力とは時空のゆがみによって生じる力ということになります。

そして、大きな質量のものが運動したり、振動したりすると、その周りの時空のゆがみが変化して、小さなゆがみが波のように広がっていきます。この波を重力波といいます。一般相対性理論では、時空のゆがみは重力そのものを指します。小さなゆがみが波のように広がるということは、重力の変動が波のように広がっていくことを意味します。その結果、重力波がつたわると、空間が伸びたり、縮んだりするのです。

図29 重力波とは?

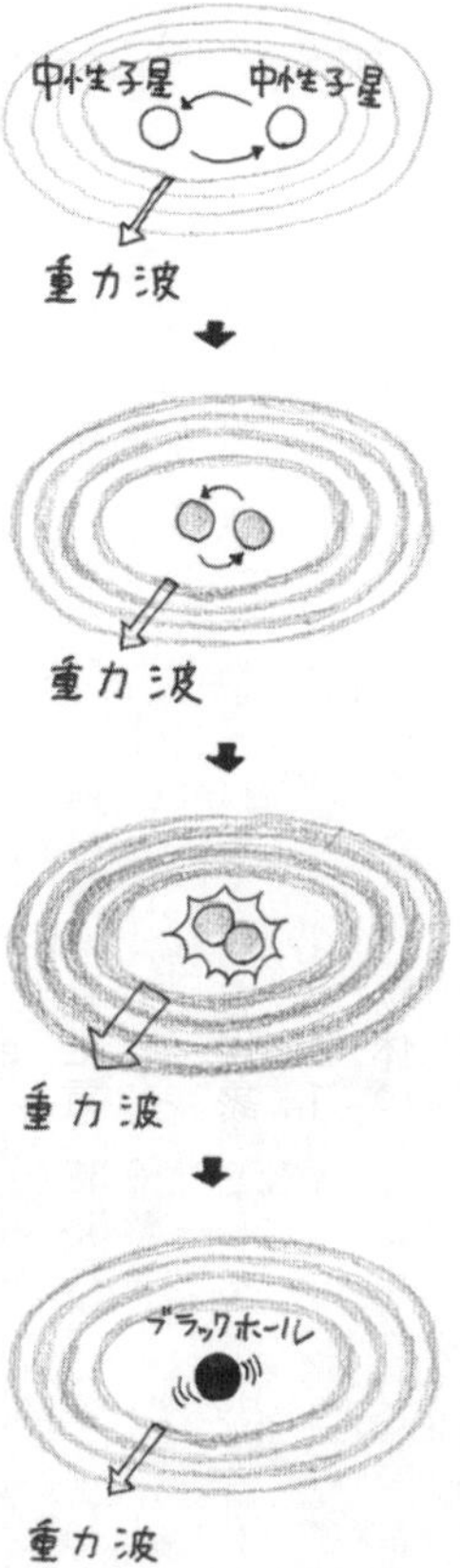

連星のブラックホールや中性子星は、お互いの重力によって引き寄せあいながら、最終的には衝突し、合体する。その過程で、周囲の空間に重力波が伝わっていく。

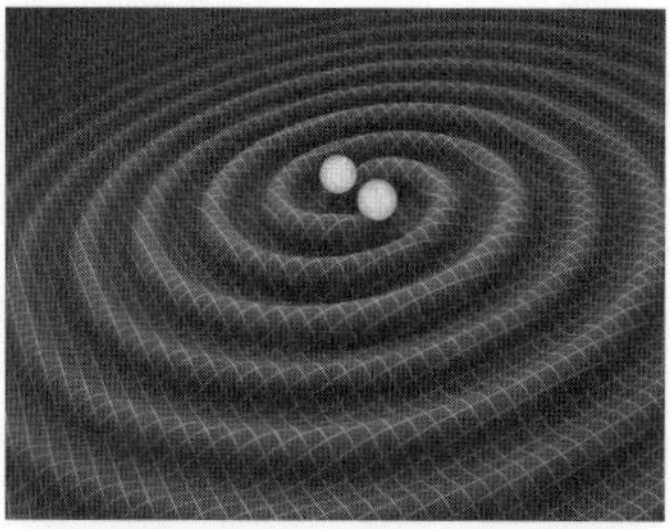

重力波の発生イメージ。現在の技術で観測できる重力波は、ブラックホール同士の衝突・合体、中性子星同士の衝突・合体といった、とても重い天体が急激に変化する天文現象によって発生する。(画像:R. Hurt/Caltech-JPL)

原理的には、人間が動くだけでも重力波を発生しています。しかし、重力波はとても微小なものなので、人間の動きによって発生する重力波を実際に観測する方法はありません。もちろん、地球上にあるものから発生する重力波も観測できません。

私たちが観測可能な重力波を生みだすことができるのは天文現象《てんもんげんしょう》しかありません。例えば、宇宙には連星中性子星《れんせいちゅうせいしせい》という天体があります。中性子星は、角砂糖1個分の体積である1立方センチメートルあたりの重さが10億トンもあり、普通の恒星《こうせい》よりもはるかに密度の高いものです。2つの中性子星はお互いの周りを回りあいながら、だんだんと近づいていき、いつかは衝突、合体します。このとき、大きな重力波を発生させるのです。

ただし、連星中性子星合体は、地球から遠く離れた場所で発生します。そのため、衝突、合体によって大きな重力波が発生したとしても、地球に来るまでには極めて微小なものになってしまいます。連星中性子星合体のような激しい天文現象によって発生した重力波でも、地球の近くにやってくるころには、地球から太陽までの距離（約1億5000万キロメートル）を測定したときに、わずかに水素原子《すいそげんし》1個分（約0・1ナノメートル）の大きさしか変化しないほどなのです。

重力波によって観測されるゆがみはこれほど小さなものなので、予言をしたアインシュタイン自身も、実際に観測するのは不可能だろうと考えていたほどでした。相対

図30 大型重力波望遠鏡KAGRA

KAGRAは、長さ3kmの2本のパイプがL字型に交わるところに設置したレーザー干渉計で、2方向の光の到達時間のちがいをとらえることで重力波を検出する。写真は重力波望遠鏡の重要な装置「ライオクラスタット」。中に設置されているのは光を反射するサファイアでできた鏡。-253℃に冷やされて運用される。2019年3月頃までに重力波望遠鏡としての運用開始を目指している。

性理論は、現在の物理学の柱となる重要な理論です。そのため、長い時間の中で、相対性理論を検証するためのたくさんの実験や観測が行われています。そのどれもがアインシュタインの予言の正しさを証明する結果となりました。そして、アインシュタインが予言した様々な現象の中で、重力波だけが直接観測されないまま、100年が過ぎようとしていたのです。そのため、重力波の直接観測は「アインシュタインからの最後の宿題」ともいわれていました。

この重力波を観測するために、神岡鉱山《かみおかこうざん》の地下に建設されたのが、大型低温重力波《おおがたていおんじゅうりょくは》望遠鏡《ぼうえんきょう》KAGRA（図30）です。KAGRAは長さ3キロメートルもある2本のパイプが90度で交わり、L字型になっているとても巨大な装置です。2015年11月に第1

期工事が完了し、2016年3月には試験運転が実施されました。現在は、装置の更なる調整が行われ、2018年3月までには、装置全体をマイナス253度の極低温状態にしてきちんと動作するかを確かめて、2019年3月までには重力波望遠鏡として運転できる状態にすることを目指しています。その後、試運転を経て、2019年9月頃には実際に重力波を観測できるようになるだろうとみられています。梶田博士は、最高責任者として、KAGRAプロジェクトを推進しているのです。

重力波観測《じゅうりょくはかんそく》への挑戦

アインシュタインにさえも不可能だと思われていた重力波の観測ですが、1960年代に入ると、不可能に挑もうとする人が登場しました。アメリカの物理学者ジョセフ・ウェーバー博士です。彼は1950年代から重力波を観測する方法を検討し「ウェーバー・バー」と呼ばれる重力波観測装置を考案しました。ウェーバー・バーは、直径1メートルで長さ2メートル、重さが1・4トンほどもある円筒形をしたアルミニウムの塊です。

ウェーバー博士は、重力波がやってきて、空間を伸び縮みさせると、それに共鳴するようにバーが振動すると考えました。このバーの振動をとらえることで重力波を観測しようというのです。このようなタイプのものを共振型重力波観測装置《きょうしんがたじゅうりょくはかんそくそうち》といいます。

1969年6月、ウェーバー博士はこの装置を使って重力波を観測したと発表しました。当時、ウェーバー博士が勤めていたワシントンDC郊外のメリーランド大学と、そこから1000キロメートルほど離れているシカゴのアルゴンヌ国立研究所の2か所で同時に重力波の信号をとらえたというのです。この発表は世界中の物理学者を驚かせましたが、その後の検証で否定されてしまいました。しかし、ウェーバー博士の挑戦が世界中に大きく伝えられたことで、彼に続いて、重力波観測の研究に取り組む人たちが出てきたのです。

日本でも、1970年に東京大学教授だった平川浩正《ひらかわひろまさ》博士が重力波観測の研究に取り組み始め、ウェーバーとは違う方式で共振型の装置を開発しました。平川博士は日本の重力波研究の父といえる存在で、彼が早い段階で重力波研究に取り組んだおかげで、日本に重力波の研究が根づくようになりました。実際、KAGRAプロジェクトには、平川博士の弟子や孫弟子にあたる物理学者がたくさん参加しています。

そして、1970年代に入ると、もう1つの重力波の観測手法が提案されました。それがレーザー干渉計型重力波観測装置《かんしょうけいがたじゅうりょくはかんそくそうち》（図31）です。レーザー干渉計は、2つ以上のレーザー光線を重ねあわせることで、いろいろなものを測定する装置です。レーザー干渉計型重力波観測装置の場合は、1つのレーザー光線をビームスプリッターという装

図31 レーザー干渉計型重力波望遠鏡のしくみ

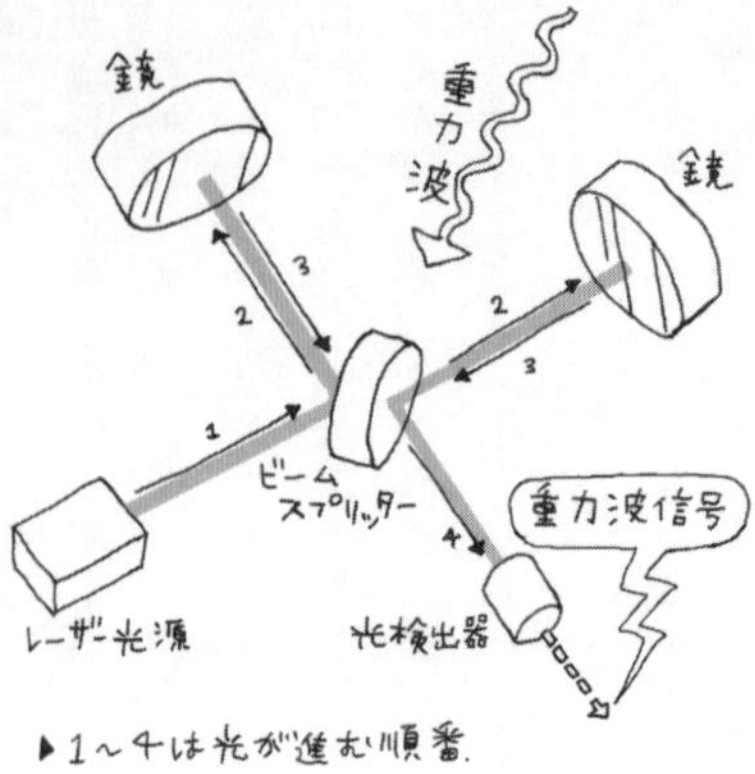

レーザー干渉計型重力波望遠鏡は、光源でつくったレーザー光をビームスプリッターで2つに分けて、直交する2つの方向に送る。その先には鏡が設置されており、その鏡にレーザーが反射することで、ビームスプリッターまで戻ってくる。重力波がこなければ、2つのレーザー光は検出器に同時に到着するが、重力波が通過すると、レーザー光が到着する時刻がずれて、検出器で受ける光の量が変化する。その変化によって重力波の信号をとらえるしくみになっている。LIGOも含めて現在、開発されている重力波望遠鏡はレーザー干渉計型とよばれるものである。

置で90度の角度をつけて2つに分けます。そして、それぞれの光を遠くに置いた鏡で反射させ、戻ってきた光を重ねあわせて測定するしくみになっています。

ビームスプリッターからそれぞれの鏡までの長さを基線長《きせんちょう》といい、「腕」と表現することもあります。2つの腕が90度の角度で伸びているので、レーザー干渉計型の装置は、L字型の特徴的な構造をしています。

レーザー干渉計で重力波を観測するというアイデアは、同じような時期に複数の人が思いついていたようですが、具体的な研究計画をいち早くまとめたのは、アメリカ・マサチューセッツ工科大学に勤めていたレイナー・ワイス博士です。ワイス博士は観測の邪魔をする雑音を取り除き、微弱な重力波の信号を感度よく観測する方法を具体的に検討し、その後の重力波観測に大きな影響を与えました。

ワイス博士は、1983年にカリフォルニア工科大学のキップ・ソーン博士、ロナルド・ドレーバー博士と共に、アメリカの国立科学財団（NSF）に対して、レーザー干渉計型の装置による重力波観測実験の提案を出しました。この計画は認められ、LIGO（Laser Interferometer Gravitational-wave Observatory：レーザー干渉計重力波観測所）と名づけられました。

ソーン博士は重力理論を専門とする理論物理学者として重力波の理論を研究し、重力波信号の解析手法の提案などによって貢献しています。ドレーバー博士は、カリフォルニア工科大学に基線長40メートルの試作の観測装置を建設し、それぞれの腕でレーザー光線を何度も往復させて共振させる技術やレーザー光線を安定化させる技術などを開発しました。

重力波初観測までの道のり

LIGOはNSFの承認を受けて、スタートしたものの、その後、予算が獲得できなかったりして、研究が停滞した時期もありました。LIGO（図32）が大きく動きだしたのは、バリー・バリッシュ博士が統括責任者となった1994年以降です。ワシ

図32 LIGO（レーザー干渉計型重力波観測所）

LIGOハンフォード観測所。LIGOでは、観測精度を高めるために、ワシントン州ハンフォードとルイジアナ州リビングストンの2か所に同じ性能の重力波望遠鏡が設置されている。1辺が4kmのL字型のトンネルの中でレーザー光線を飛ばすことで、重力波を観測する。（画像：Caltech/MIT/LIGO Lab）

ントン州のハンフォードとルイジアナ州のリビングストンの2か所に基線長4キロメートルの大規模な重力波望遠鏡を建設し、まずは、検出器の調整をしながら、大型重力波望遠鏡の技術を実証するイニシャルLIGO（iLIGO）を実施し、それからさらに感度を高めて、重力波の観測範囲を広げていくアドヴァンスドLIGO（aLIGO）を実施する、というように、2つの段階に分けて観測計画が進められるようになりました。

2台の重力波望遠鏡が完成し、iLIGOの観測が開始されたのは2002年になってのことです。同時期に日本では基線長300メートルのTAMA300、ヨーロッパでは基線長3キロメートルのVirgoが稼働し、観測感度を少しでも高めようと努力が続けられていました。これらは第１世代のレーザー干渉型重力波望遠鏡と呼ばれ、地球から約７０００万光年の範囲で連星中性子星の合体が発生すれば、重力波を観測できるほどの感度が実現しました。ｉＬＩＧＯでは、２００９年までに合計６回の期間に分けて観測が行われましたが、重力波を観測することができませんでした。

そして、２００９年から２０１４年にかけて、ＬＩＧＯは抜本的な改修工事を実施し、２０１５年９月12日から第２世代のａＬＩＧＯとしての運用が始まりました。運用といっても、最初は正式な観測の前の調整期間となるはずだったのですが、その２日後の９月14日に、重力波の信号を世界で初めて観測してしまったのです。

ＬＩＧＯには、重力波と思われる信号を観測すると、３分以内に速報として知らせるシステムがあるので、研究グループのメンバーは重力波の初観測に成功したかもしれないとすぐにわかりました。しかし、この観測結果が発表されたのは約４か月後の２０１６年２月11日になってからです。

発表までにこれほどの時間を要した原因の１つとして挙げられるのが、重力《じゅうりょく》波《は》信号《しんごう》の小ささです。重力波は波の一種なので、信号の大きさは振幅で決まります。とても激しい天文現象から発生する重力波でも、地球に届く頃には、10^{-21}メートルほどと、ごく微小な振幅になってしまいます。

重力波望遠鏡は、このとても小さなゆがみの波を正確にとらえる必要があります。しかし、この作業は並大抵のものではありません。重力波信号がとても小さいために、地面、海の波、送電線の電磁場、雷、飛行機、観測装置自身など、様々なものから発せられる振動が観測を邪魔する雑音となってしまいます。観測した信号が本当に宇宙から来た重力波であることを証明するために、LIGOでは、重力波の信号以外の補助信号を20万個も記録し、観測装置の周りの環境変化や装置自体の状態を常に把握しています。これらの補助信号の変化と重力波の信号を比べることで、重力波望遠鏡のとらえた信号が重力波によるものだと自信をもっていえるようになります。2015年9月14日の重力波は、人類が重力波を観測した初めての例です。この信号が本当に重力波によるものかを、時間をかけて検証していったのでしょう。

連星《れんせい》ブラックホールの重力波を観測

この重力波はGW150914と名づけられました。GW150914の信号は、重力波の中でも数十年に1度あるかないかといわれるくらいの大きさのもので、一般相対性理論から導かれる重力波の波形とよく一致した波形をはっきりと示していました。LIGOは、ハンフォードとリビングストンの2か所で同時に観測しています（8ページ参照）。2つの観測所は約3000キロメートルも離れていますが、ほぼ同じタイミングで同じような波形の重力波をとらえていたので、確実性がさらに高まり、1回の観測で重力波を観測したと胸を張っていえたのです。

GW150914の信号を分析した結果、この重力波は、地球から13億光年離れた場所で、太陽の29倍と36倍の質量を持った2つのブラックホールが衝突、合体することで発生したものだとわかりました。そして、合体後には太陽の62倍のブラックホールができたのです。合体前の2つのブラックホールと、合体後にできたブラックホールの質量を比べてみると、合体後の方が太陽の3倍分だけ質量が少ないことがわかります。なぜ、質量が減ってしまったのか不思議に思いませんか。実は、減少した質量分のエネルギーが重力波に変化したのです。

つまり、GW150914は、太陽質量の3倍というとても大きなエネルギーによって発生しているのです。ですから、2つのブラックホールが衝突した現場のすぐ近くでは、惑星《わくせい》や恒星が破壊されるほどの大きな力が働いたはずです。しかし、地球にやってくるまでの13億光年の道のりの間に、重力波のエネルギーはとても小さくなり、私たちが感じられないほどになってしまったのです。

重力波が初観測されたというニュースは、大きな驚きとともに世界中に伝えられました。そして、この重力波がブラックホール合体によるものであったことも、世界中の物理学者や天文学者を驚かせました。なぜなら、観測対象となる重力波の一番の発生源は連星中性星合体によるものであると考えられていたからです。

もちろん、ブラックホールの合体からも重力波が発生することは知られていました。しかし、そのような現象が発生する頻度はあまり高くないだろうと考えられていたのです。2つのブラックホールが合体するには連星となっている必要があります。連星ブラックホールは、連星中性子星よりも数が少ないはずですし、この宇宙の中にそのような天体があるという証拠もなかったので、連星ブラックホール合体よりも連星中性子星合体から発生する重力波の方が、現実的に観測しやすいと考えられていました。

そのような考えに反して、人類が初めて観測した重力波は連星ブラックホールによるものだったのです。連星をつくるブラックホールは、大きな恒星が死を迎え、超新《ちょうしん》星爆発《せいばくはつ》を起こすことでつくられる恒星質量ブラックホールと呼ばれるものです。恒星質量ブラックホールは、これまでX線観測などで、候補天体がいくつも発見されていますが、そのどれもが太陽の10倍程度の質量でした。ところが、GW150914の観測によって、太陽の30倍程度のブラックホールの存在が初めて明らかになりました。このように、たった1回の重力波の観測によって、私たちは電磁波《でんじは》では観測できなかった天体の存在を知ることができるようになったのです。

LIGOはさらに観測を重ね、2017年8月15日までの間に、連星ブラックホール合体による重力波をさらに3回観測し、それぞれ、GW151226、GW

図33 重力波の発生源

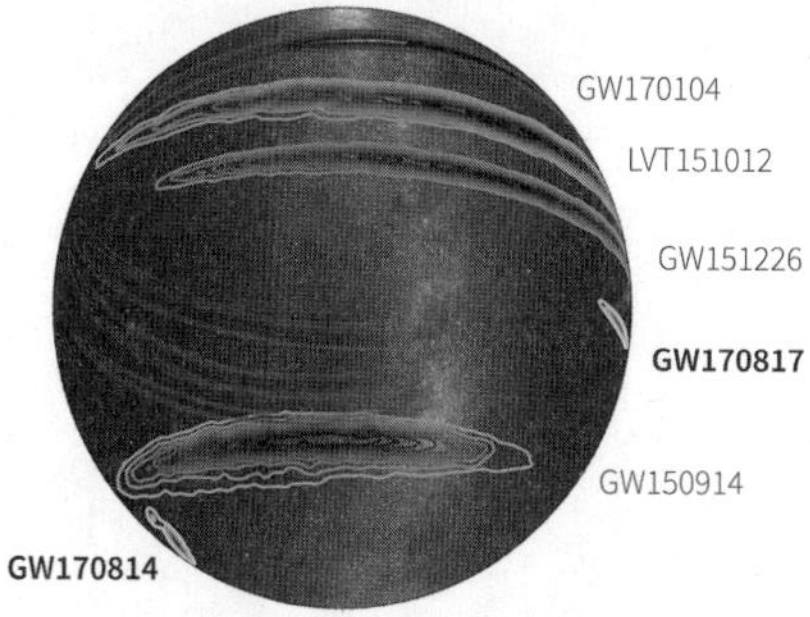

この図は重力波信号の発生源の方向を天球上に記したもの。2015年9月14日に初観測して以来、全部で5つの重力波信号（GW）と重力波の疑いがある信号（LVT）が1つ観測された。GW150814、LVT151012、GW151226、GW170104はLIGOの2つの重力波望遠鏡で観測され、発生源は満月3000個分の範囲までしかわからなかった。しかし、Virgoも加わり3台の重力波望遠鏡で観測したGW170814、GW170817は、発生源を満月60個分の範囲にまで絞りこむことができた。（画像：LIGO/Virgo/NASA/Leo Singer (Milky Way image: Axel Mellinger)）

170104、GW170814と名づけられました。また、重力波と見なすだけの条件がそろわず仮の重力波現象とされたLVT151012も含めると、重力波によって連星ブラックホールの合体は、この2年間の間に5回も確認されたことになります（図33）。これは連星ブラックホールが、私たちが考えていたよりもこの宇宙にたくさん存在し、頻繁に合体することを示しています。

ただし、このような現象がどこで起きたのかを特定するのはとてもたいへんです。重力波の観測は、天体から発生する音をとらえることとよく似ています。信号の振幅の変化などから、重力波の発生源までのだいたいの距離を計算することができますが、どの方向で起きたのかを特定するのはとても難しい作業です。aLIGOの2台の重力波望遠鏡が同時に観測しても、重力波の信号がどのあたりからやってきたのかは、天球上の中で満月3000個分の範囲までしか絞り込むことができません。

2017年8月には、改修工事の終わったヨーロッパの重力波望遠鏡Virgoも動きだし、その様子が大きく変わりつつあります。改修後のVirgoはaLIGOと同じくらいの感度を持つ第2世代の重力波望遠鏡で、改修前と区別してアドヴァンスドVirgoと呼ばれることもります。

Virgoは、8月に約1か月間の観測を行い、aLIGOと共に、重力波GW170814をとらえることに成功しました。これによって第2世代のレーザー干渉計型重力波望遠鏡は3台が同時に重力波を観測できる体制ができたことになります。Virgoの重力波観測成功がもたらしたものは、それだけではありません。GW170814では、重力波の発生した場所を満月60個分に相当する範囲まで絞り込むことができたのです。

重力波観測によって開かれた扉

このように重力波観測がどんどん進む中で、2017年10月3日に嬉しい知らせが

図34 2017ノーベル物理学賞の受賞者

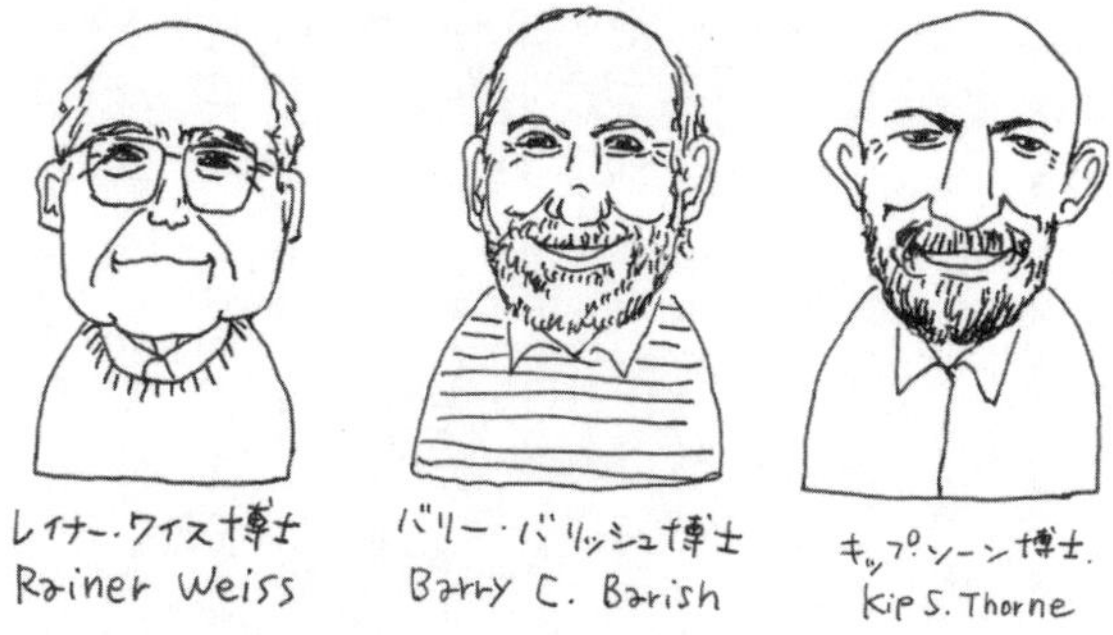

2017年、ノーベル物理学賞が「LIGOへの決定的な貢献と重力波観測」に対して贈られた。受賞者は左からレイナー・ワイス博士、バリー・バリッシュ博士、キップ・ソーン博士の3名。

ありました。ライナー・ワイス博士、バリー・バリッシュ博士、キップ・ソーン博士の３名が２０１７年のノーベル物理学賞に選ばれたのです（図34）。受賞理由は、「ＬＩＧＯへの決定的な貢献と重力波観測」でした。ＬＩＧＯ創設者の一人であるトレーバー博士は、２０１７年３月に他界されてしまったので、生存者に贈られるノーベル物理学賞の対象にはなりませんでしたが、存命であれば、受賞していたことでしょう。

重力波の初観測からわずか2年でのノーベル物理学賞の授与は、早すぎると感じる人もいるでしょう。しかし、１００年前に予言された重力波の直接観測は、物理学を前進させる大きな一歩であり、世界中の物理学者や天文学者に与えた衝撃は計り知れません。重力波の予言をしたアインシュタイン自身、重力波の直接観測はできないと考えていたほどのもので、100年かけて不可能を可能にした現代物理学の勝利と言えるほどの出来事なのです。

ノーベル賞物理学賞は個人に対して贈られるものなので、直接受賞したワイス博士、バリッシュ博士、ソーン博士の3人だけに目が行きがちですが、LIGOは1000人以上の人たちが参加する国際共同研究です。重力波の直接観測の偉業は、研究に参加するすべての人たちの協力によって達成されたものなので、今回はLIGOのメンバーを代表して3人に贈られたと考えた方がいいでしょう。

さらに、2017年10月16日には、重力波に関するもう1つの大ニュースがもたらされました。aLIGOとVirgoが連星ブラックホール合体の重力波をとらえてから3日後の8月17日に、連星中性子星合体によって発生した重力波を初めて観測することに成功したのです。

これまでの理論的な研究から中性子星の重さは最大でも太陽の2倍程度であると考えられています。ブラックホールと比べると、とても軽い天体であるために、連星ブラックホール合体よりも近い場所で連星中性子星合体が起こらないと、重力波を観測することはできません。そのため、連星ブラックホール合体の重力波よりも観測される頻度が低いと考えられています。その連星中性子星合体による重力波が初めてとらえられたのです。

この重力波はＧＷ１７０８１７と名づけられました。ＧＷ１７０８１７は、地球から1億３０００万光年離れた場所で、太陽の1・1〜1・6倍の重さの２つの中性子星が衝突、合体することによって発生したものであることがわかりました。この合体の後には、より大きな中性子星かブラックホールのどちらかができるはずですが、発表された時点では、どちらができたのかはわかっていませんでした。

これだけでも、大きなニュースですが、今回はさらに驚きの発見が続きました。何と、重力《じゅうりょく》波《は》源《げん》となった天体が特定され、その天体からやってくる様々な電磁波を同時に観測することができたのです。人類は長い間、光や電波などの電磁波を利用して天体を観測してきました。それに加え、１９８７年には超新星爆発からのニュートリノを、そして２０１５年に連星ブラックホール合体からの重力波を観測することで、天体を観測するための手段が増えました。

電磁波、ニュートリノ、重力波といった複数の観測手法を組み合わせることで、未知の天体や天文現象を解明していこうという手法をマルチメッセンジャー天文学といいます。１９８７年に発生した超新星ＳＮ１９８７Ａは、ニュートリノと電磁波のマルチメッセンジャーで観測された最初の天文現象です。これによって、ニュートリノ天文学の扉が開いたと同時に、超新星爆発がどのように発生するのかが少しわかってきました。

ＧＷ１７０８１７では、重力波と電磁波の同時観測が実現しました。しかも、観測に成功した電磁波は、ガンマ線《せん》、Ｘ線《せん》、紫外線《しがいせん》、可視光《かしこう》、赤外線《せきがいせん》、電波《でんぱ》と多岐にわたります。ａＬＩＧＯでＧＷ１７０８１７の信号をとらえた１．７秒後に、フェルミ衛星からショートガンマ線バーストをとらえたという報告がありました。これらの情報は、すぐに世界中の天文学者に伝えられ、重力波源となる天体の捜索が始まりました。ＧＷ１７０８１７の信号をとらえてから約10時間後に、チリにあるスウォープ望遠鏡で、連星中性子が合体した姿を楕円銀河《だえんぎんが》ＮＧＣ４９９３の中でとらえることに成功しました。この天体は、地球上だけでなく、宇宙からもたくさんの望遠鏡や観測衛星《かんそくえいせい》で追跡され、様々な波長の電磁波が観測されました。その結果、重力波源ＧＷ１７０８１７では、新星よりも１０００倍ほど明るいキロノヴァ（図35）という現象が起きていることがわかってきたのです。

　この宇宙に存在する元素は、水素とヘリウムがビッグバンによってつくられ、それより重い、鉄までの元素は恒星内部の核融合反応《かくゆうごうはんのう》でつくられることがわかっています。鉄より重い元素である重元素《じゅうげんそ》をつくる過程は、原子核がたくさんの中性子を急速に吸収するｒプロセスと、中性子をゆっくりと吸収するｓプロセスの２つあることが知られています。ｓプロセスは恒星内部で行われていることが確認されていますが、鉄からビスマスまでの元素のうちの半分くらいしかつくることができません。金、プラチ

図35 中性子星合体から発生するキロノヴァ

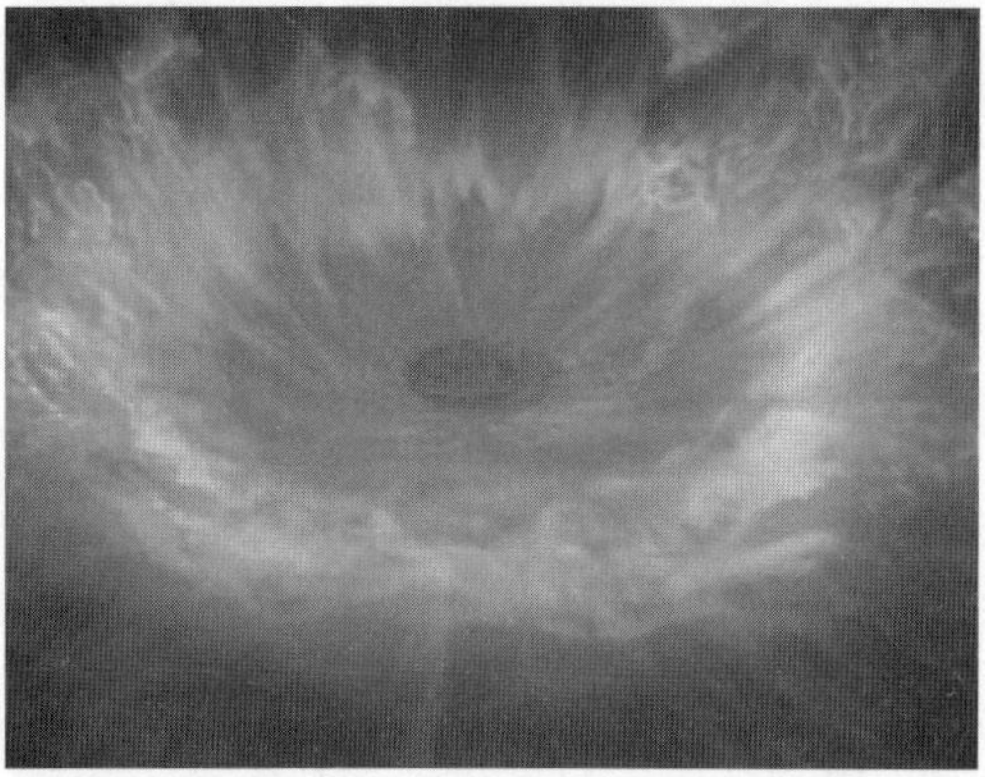

中性子星合体から発生するキロノヴァの想像図。中性子星は衝突による衝撃で、超高温、超高密度の状態となり、重元素を合成するrプロセスを起こしながら、周囲にたくさんの物質を撒き散らす。rプロセスの発生によって、通常の天体よりもとても明るい光が放出される。その明るさは、白色矮星の表面で爆発が起こる新星の1000倍ほどの明るさとなることから、キロノヴァと呼ばれている。(画像：国立天文台)

ナ、レアアース、ウランなどの残りの重元素はrプロセスででしかつくることができないのですが、rプロセスがどこで起こっているのかはよくわかっていませんでした。

連星中性子星合体は、rプロセスが発生する現象の有力な候補の1つとして、観測やシミュレーションなどで研究が進められていました。シミュレーションの結果によると、キロノヴァは連星中性子星合体によってrプロセスが進むことで発生する現象で、電磁波の発生パターンは、GW170817で観測された電磁波のパターンとよく似ています。この観測結果は連星中性子星の合体によってrプロセスが進むという大きな証拠となるでしょう。

重力波と電磁波のマルチメッセンジャー観測は、連星中性子星合体による重力波源の特定だけでなく、これまで謎に包まれていた重元素の発生源まで明らかにしようとしています。重力波観測の実現によって、宇宙を理解するための新たな扉が大きく開いたのです。

ａＬＩＧＯとＶｉｒｇｏは再び、装置の改修を行い、２０１９年から観測を再開します。そして、２０１９年にはＫＡＧＲＡも動き始めるので、４台の重力波望遠鏡で観測できる体制が整います。４台で観測することで、より重力波源を特定しやすくなりますし、電磁波やニュートリノとのマルチメッセンジャー観測によって、ガンマ線バースト、高速電波《こうそくでんぱ》バースト、ブラックホールの進化、銀河の進化など、まだあまりよくわかっていない天文現象のしくみが詳しく明らかになってくるはずです。

ＫＡＧＲＡは、ａＬＩＧＯ、Ｖｉｒｇｏとは違い、地下に建設されていて、鏡は熱による変動の少ないサファイヤガラスが使用され、装置全体がマイナス２５３度という極低温に冷却されています。これらの技術は、これから建設が予定されている第三世代のレーザー干渉計型重力波望遠鏡にも使われていきます。ＫＡＧＲＡの運用や観測は、重力波観測をさらに進めていくうえでも、とても重要になってくるのです。

あとがき

「この宇宙は、いったいどのようなしくみになっているのか」ほとんどの人は、このようなことを一度は考えたことがあるのではないでしょうか。たいていの場合、答えまでたどりつかずに、うやむやなままで終わってしまいます。しかし、物理学者たちは、長い時間をかけてその答えにせまろうとしています。

この本では、ニュートリノ研究の流れを紹介すると共に、なぜ、ニュートリノがたくさんの物理学者に注目されているのかをわかりやすくまとめました。ニュートリノは知れば知るほど不思議な粒子であることがわかると思います。

さらに、アインシュタインが予言をしてからちょうど100年で、重力波が直接観測され、人類は宇宙を知るための新たな道具を手にしました。その重要度の高さは、2017年のノーベル物理学賞が重力波の観測に対して贈られたことを見てもわかるでしょう。本書を通して、ニュートリノや重力波といった物理学研究のおもしろさを少しでも感じてもらえたら、とてもうれしいです。そして、より詳しく知りたいと思った人は、ぜひ、他の本にもチャレンジしてみてください。

荒舩良孝

PROFILE

荒船良孝（あらふね・よしたか）

1973年生まれ。科学ライター。大学在学中より科学ライター活動を始める。「科学をわかりやすく伝える」をテーマに宇宙論をはじめ、幅広い分野で取材・執筆活動を行う。『5つの謎からわかる宇宙』（平凡社）など著書多数。

●協力：東京大学宇宙線研究所、高エネルギー加速器研究機構、東北大学ニュートリノ科学研究センター、Australian Astronomical Observatory/David Malin、牛山俊男、中野博子

●カバー・本文イラスト：くれよんカンパニー

●ブックデザイン：小川 純（オガワデザイン）

ニュートリノってナンダ？
－やさしく知《し》る素粒子《そりゅうし》・ニュートリノ・重力波《じゅうりょくは》　NDC440

2017年12月14日　発　行

著　　者　荒船良孝《あらふねよしたか》
発 行 者　小川雄一
発 行 所　株式会社 誠文堂新光社
〒113-0033　東京都文京区本郷3-3-11
（編集）電話 03-5805-7761
（販売）電話 03-5800-5780
http://www.seibundo-shinkosha.net/

印 刷 所　星野精版印刷 株式会社
製 本 所　和光堂 株式会社

ISBN978-4-416-71751-6